VORWORT

Liebe Leserinnen und Leser!

Dieses Vorwort trennt Sie jetzt von der Konsumation dieses Buches, deshalb werde ich mich kurzhalten. Harald Pichler ist mir persönlich gut bekannt. Er steht für ein SINN:VOLLES Leben und für WERT:VOLLE Arbeitswelten wie kaum ein anderer. Ich habe ihn im Viktor Frankl Zentrum in Wien kennenlernen dürfen. Er ist Frankl-Kenner, Trainer, Coach und Buchautor.

Genießen Sie das vorliegende Werk, es wird Ihnen am Gaumen zergehen. Mit unglaublicher Treffsicherheit geht Harald Pichler auf die wichtigsten Lehren und Erkenntnisse Viktor Frankls ein und zeigt uns anhand von praktischen Beispielen die Umsetzung im täglichen Arbeitsleben. Für jedermann verständlich erfahren Sie in weniger als zwei Stunden alles über die „Frage nach dem Sinn", Frankls Menschenbilder, Selbsttranszendenz, die Wege zum Sinn, die Auswirkungen auf Führungskompetenz und enden mit dem Aufruf „SINN-erfüllt zum gelungenen Arbeitsleben".

Das Leben ist nicht etwas, sondern immer nur die Gelegenheit zu etwas. (Viktor E. Frankl zitiert Christian F. Hebbel). Dieses Buch ist die Gelegenheit, auf kompakte Art und Weise das Wichtigste über die Umsetzung Viktor Frankls Lehren im Arbeits- und Wirtschaftsleben zu erfahren, ein Muss für UnternehmerInnen und Manager, die die Herausforderungen des 21. Jahrhunderts erkannt haben.

Lesen Sie es sich durch, wenden Sie an und schlagen Sie bei Gelegenheit wieder nach.

Ich wünsche Ihnen ein sinnerfülltes Arbeitsleben!

Andreas Gnesda
Präsident des Österr. Gewerbevereins
Unternehmervereinigung seit 1839

INHALT

STELLEN SIE SICH VOR, ...

... Sie arbeiten im mittleren Management eines großen, internationalen Konzerns und haben in Ihrem Bereich soeben die Leitung eines Teams mit fünf Mitarbeitern ausgeschrieben. Gleichzeitig wurde in Ihrem Unternehmen eine Entwicklungsabteilung aufgelassen, und die Belegschaft hat nun die Wahl, sich unternehmensintern auf eine andere Position zu bewerben oder das Unternehmen zu verlassen. Daraufhin meldet sich ein Ihnen gut bekannter, fachlich sehr kompetenter Experte aus dieser Abteilung bei Ihnen. Er versucht Sie davon zu überzeugen, dass er genau der Richtige für den Führungsjob ist. Nun ist der Mann zwar ein exzellenter Fachexperte, hat aber sehr gering ausgeprägte Leadership-Kompetenzen. Auf Ihre freundliche aber deutliche Ablehnung hin versucht er, mit einer Mischung aus Flehen und Argumentieren, den Führungsjob doch zu bekommen. Immerhin ist er bereits Mitte 50 und wird aufgrund seiner sehr fokussierten Fachkompetenz wahrscheinlich nur sehr schwer einen neuen Job finden. Bleiben Sie konsequent bei Ihrer Ablehnung, wird er wahrscheinlich die nächsten Jahre arbeitslos sein. Wenn Sie ihm die Abteilung überantworten, werden sie einige Ihrer besten Mitarbeiter verlieren.

Einer von vielen Entscheidungskonflikten, in die eine Führungskraft immer wieder gestellt ist. Hier eine gute oder richtige Entscheidung zu treffen ist schwierig. Was ist in dieser Situation das Sinnvollste (für alle Beteiligten)?

Schwierige Entscheidungen oder scheinbar ausweglose Situationen sind jedoch nicht auf Führungskräfte beschränkt: Eine Frau Ende 50 arbeitet als Krankenschwester bei einem Internisten. Ihre Aufgabe ist die Vorbereitung der Patienten auf eine Darmspiegelung. Diese Arbeit macht nicht wirklich Spaß, der Chef lobt nie aber kritisiert häufig. Die Kollegenschaft ist eineinhalb Generation jünger und hat sich angewöhnt, den Stress durch gegenseitiges Anraunzen abzubauen. Eigentlich unerträglich, aber eine Kündigung kommt nicht in Frage. Wie soll diese Frau die nächsten Jahre bis zur Pensionierung durchstehen?

Das vorliegende Buch soll zeigen, dass Viktor E. Frankls Sinn- und Werte-orientiertes Gedankengut eine wertvolle Unterstützung und Orientierung für Führungskräfte darstellt. Dabei wird nicht nur das Menschenbild und seine Grundlagen beschrieben, sondern vor allem auch die praktische Anwendung in der Führungsarbeit samt Auswirkungen.

Darüber hinaus soll aber auch deutlich werden, dass jede Mitarbeiterin und jeder Mitarbeiter, unabhängig von den Entscheidungen der Unternehmensleitung oder dem Verhalten der Führungskraft, einen persönlichen Sinn in der Arbeit finden und verwirklichen kann.

FÜHRUNG, ARBEIT UND DIE FRAGE NACH DEM SINN

Die Bedeutung der Führungsverantwortung wird in der Wirtschaft weitgehend anerkannt. Das ist an der Dichte an Literatur zum Thema „Führen" ebenso erkennbar wie am umfangreichen Angebot an Führungskräfte-Seminaren und -Coachings. Aufgrund der starken Orientierung an der amerikanischen Wirtschaft (und auch aufgrund der negativen Prägung des „Führer"-Begriffes im deutschen Sprachraum) hat sich der Begriff des „Leaders" als vorbildliche Führungskraft durchgesetzt. Leadership-Qualitäten werden unterschieden von Management-Kompetenzen, wobei ersteres die Fähigkeit beschreibt, Menschen zum Erfolg zu führen und letzteres eher organisatorische Fähigkeiten meint. Oft wird behauptet, dass die zentrale Aufgabe von Führungskräften die Motivation der Mitarbeiter sei. Wie lassen sich aber Menschen motivieren? Kann man andere Menschen überhaupt motivieren oder kann ich als Führungskraft nur Rahmenbedingungen schaffen, in denen sich die Mitarbeiter selbst motivieren können? Oder zumindest nicht demotiviert werden.

Um diese Fragen zu beantworten, braucht es ein möglichst realistisches Menschenbild, also ein gutes Verständnis davon, was Menschen tatsächlich antreibt (oder vielleicht besser: anzieht), was sie also dazu bewegt, Aufgaben zu erledigen und Leistung zu erbringen.

Der Wiener Neurologe und Psychiater Viktor E. Frankl hat bereits in der ersten Hälfte des 20. Jahrhunderts festgestellt, dass Menschen vor allen Dingen nach einem Sinn im Leben streben. Und dieses Sinn-Streben hat er als zentralen Motivationsfaktor erkannt, der nicht nur beeindruckende Leistungen ermöglicht, sondern auch eine hohe Belastbarkeit und Widerstandskraft begründet. Die sogenannte Logotherapie und Existenzanalyse hat Frankl ursprünglich für den medizinischen und psychotherapeutischen Bereich entwickelt, wenn der Arzt auf existenzielle Fragen der Patienten keine medizinischen Antworten mehr geben kann. Er bezeichnete sie auch als „Ärztliche Seelsorge" in Anlehnung an den durch Sigmund Freud geprägten Begriff der „Weltlichen Beichte". Anfang der 1980er Jahre hat sein Schüler Walter Böckmann begonnen, die Sinnlehre Frankls auf die Wirtschaft und die Unternehmensführung anzuwenden. Seitdem wurde weitere Literatur zum Thema Sinn- und Werte-Orientierung in der Wirtschaft und im Beruf mit Bezug auf Viktor E. Frankl veröffentlicht, zum Beispiel von Werner Berschneider (Sinnzentrierte Unternehmensführung), Helmut Graf (Die kollektiven Neurosen im Management), Anna-Maria Pircher-Friedrich (Mit Sinn zum nachhaltigen Erfolg) und Alex Pattakos (Gefangene unserer Gedanken). Und erst kürzlich, mit zahlreichen wissenschaftlichen Studien untermauert, von Tatjana Schnell (Psychologie des Lebenssinns).

Darüber hinaus gibt es Wirtschafts- und Management-Autoren, die in ihren Werken auf Frankl bezugnehmen und auf ihn verweisen, unter anderem: Fredmund Malik (Führen Leisten Leben) und Stephen Covey (Die 7 Wege zur Effektivität).

Den Stellenwert der Sinn-Erfüllung für Motivation, Leistungsfähigkeit und Leistungsbereitschaft, sowie für die psychische und physische Gesundheit beschreiben weitere Autoren, ohne explizit auf Frankl oder seine Lehre hinzuweisen, darunter: Reinhard K. Sprenger (Das anständige Unternehmen), Joachim Bauer (Arbeit – Warum sie uns glücklich oder krank macht) und Martina Leibovici-Mühlberger (Die Burnout Lüge).

Eine besondere Auffälligkeit in der Wirtschaft ist der Fokus auf die berufliche Leistung und das Aussparen des privaten, menschlichen Anteils der beteiligten Personen. Die Kollegen untereinander sind meist offen für private und „menschliche" Themen. Zwischen Führungskraft und Mitarbeiter beschränkt sich das Interesse dann oft auf die Frage „Wie geht´s der Familie?". Das Berufsleben ist aber nur einer von mehreren Lebensbereichen, wenn auch ein sehr zentraler und existenzieller. Eine von Frankls Thesen zur Person lautet: Der Mensch ist ein Individuum. Also im wahrsten Sinne des Wortes „unteilbar". Er ist nur als Ganzes, als Einheit zu verstehen. Unternehmen, die das bereits erkannt haben, bieten ihren Mitarbeitern unterschiedliche Angebote zur Förderung und Erhaltung der physischen und psychischen Gesundheit an. Von der Ergonomie am Arbeitsplatz und der Förderung sportlicher Betätigung, bis hin zu anonymer und kostenloser Beratung bei beruflichen oder privaten Problemstellungen (Employee Assistance Program, z. B. www.eap-institut.at). Da private Herausforderungen meist auch die Arbeit beeinträchtigen, können solche Beratungsangebote oft sogar die im selben Haushalt lebenden Angehörigen in Anspruch nehmen.

Wenn der Mensch nun eine unteilbare Person ist, und Beruf und Privat nicht grundsätzlich trennbar sind, wie kann eine Führungskraft das berücksichtigen? Was muss eine Führungskraft über das Mensch-Sein wissen, um die Zusammenarbeit mit den Mitarbeitern, aber auch mit Kollegen und Vorgesetzten sinn-voll gestalten zu können und nicht zuletzt auch sich selbst wirksam zu führen? Wie funktioniert Führung im Spannungsfeld zwischen den Vorgaben der Unternehmensleitung und den Fähigkeiten der Mitarbeiter? Wie führt man Individuen, die nicht nur „unteilbar", sondern auch noch einmalig und einzigartig sind? Kann man Mitarbeiter auf Augenhöhe respektieren und wertschätzen, sie individuell fördern und weiterentwickeln, ohne die eigene Souveränität zu gefährden? Oder um es sehr plakativ zu formulieren:

Wie kann ich als Führungskraft Mitarbeiter wie Menschen behandeln und – nein, nicht trotzdem, sondern gerade deshalb erfolgreich sein?

Und wenn ich selbst keine Führungskraft bin? Wie viel Gestaltungsfreiraum habe ich dann in meinem Job? Zum Beispiel, wenn mein Chef ganz und gar nicht Sinn-orientiert unterwegs ist?

Da die persönliche Sinn-Findung und Sinn-Verwirklichung laut Viktor Frankl in jeder auch noch so schwierigen Situation möglich sind, kann dieses Buch nicht nur für Führungskräfte, sondern für alle Mitarbeiter eine wertvolle Orientierungshilfe sein.

MENSCHENBILDER (MEHR ODER WENIGER SINN-ORIENTIERT)

Für einen sinnvollen Umgang mit uns selbst und unseren Mitmenschen ist es wichtig, zu verstehen, wie unterschiedlich die
Menschen „ticken". Dazu ist es hilfreich, sich mit entsprechenden
Modellen zu beschäftigen, die unser Mensch-Sein beschreiben.
Mit Menschenbildern also. Die zwölf Tierkreiszeichen der Astrologie sind eine beliebte Möglichkeit, Menschen zu kategorisieren
und auch zu verstehen, aber es gibt auch zeitgemäße Modelle.
Zum Beispiel kann ich mich und meine Mitmenschen mittels des
sogenannten DISG-Modells anhand von vier Grund-Charakteren
und weiteren Mischformen beschreiben und dadurch das Verhalten in manchen Situationen besser verstehen (vgl. Seiwert
und Gay). Darüber hinaus gibt es viele andere psychologische,
soziologische und neurobiologische Modelle und Konzepte, um
zu beschreiben, warum Menschen so sind wie sie sind.

Aber abgesehen von der Frage, wie Menschen „ticken" und
warum sie so sind wie sie sind, ist die viel wichtigere Frage:
„Muss ich so bleiben wie ich bin?" Es ist nicht unbedingt hilfreich,
beim Charakterstudium stehen zu bleiben, und dann einfach zu
behaupten: „Hier stehe ich, ich kann nicht anders!"

Der Mensch zeichnet sich nämlich dadurch aus, dass dieser im Gegensatz zum Tier „immer auch anders kann". Der Philosoph Karl Jaspers brachte das so auf den Punkt: „Tierisches Sein ist getriebenes Sein, menschliches Sein ist entscheidendes Sein." Sobald ich also weiß, warum ich mich so oder so verhalten möchte (weil ich gemäß DISG-Modell ein „roter Macher" bin oder Widder in der Astrologie), könnte ich mich auch fragen: „Wozu fordert mich diese Erkenntnis nun heraus?"

Und da schreibt uns das Sinn-orientierte Menschenbild Viktor E. Frankls die Fähigkeit zur Selbstdistanzierung zu. Das heißt, ich kann mich als Person von äußeren und inneren Bedingungen distanzieren und eine bewusste Entscheidung über meine innere Haltung fällen. Und daraus folgend über mein Verhalten. Zum Beispiel herumbrüllen oder konstruktiv an einer Lösung arbeiten. In Deckung gehen, davonlaufen oder mich der Herausforderung stellen. Frankl hat auch dazu einen schönen und wichtigen Satz gesagt:

„Man muss sich von sich selbst nicht alles gefallen lassen."

Der Arzt Viktor E. Frankl war auch promovierter Philosoph und hat sich daher sowohl praktisch als auch theoretisch mit der Frage nach dem Mensch-Sein beschäftigt. Als Mediziner vor allem unter dem Gesichtspunkt: „Was lässt Menschen selbst unter schwierigsten Bedingungen gesund bleiben?" Als Philosoph, nicht zuletzt auch beeinflusst von namhaften Philosophen wie Max Scheler, Karl Jaspers und Martin Heidegger, mit der zentralen Frage: „Was macht den Menschen eigentlich zum Menschen? Was ist das spezifisch Humane am Menschen?"

Als Antwort auf diese Fragen hat er ein durchkomponiertes Menschenbild entwickelt und beschrieben, das im Folgenden dargestellt werden soll. Es ruht auf drei Prinzipien oder auch drei Säulen, die zum Teil Axiome, also Annahmen sind, zum Teil mittlerweile wissenschaftlich bestätigt wurden:

1. Der freie Wille

2. Der Wille zum Sinn

3. Der Sinn des Lebens

Erste Säule: Der Mensch hat einen freien Willen

Bereits im Religionsunterricht in der Schule haben die meisten gelernt: „Gott hat den Menschen mit einem freien Willen erschaffen." Diese Freiheit des Willens hat natürlich Konsequenzen. Zum einen heißt das, dass ich mich entscheiden muss, sobald ich die Wahlfreiheit habe. Und dann muss ich auch noch für die Folgen jeder Entscheidung die Verantwortung übernehmen. Freiheit und Verantwortung sind zwei Seiten derselben Medaille hat Frankl immer wieder betont. Damit sind wir auch schon beim Thema Schuld. Dieser Begriff kommt in der weit verbreiteten Management-Literatur nur sehr selten vor und wird

DER MENSCH
ALS „BLACK BOX"

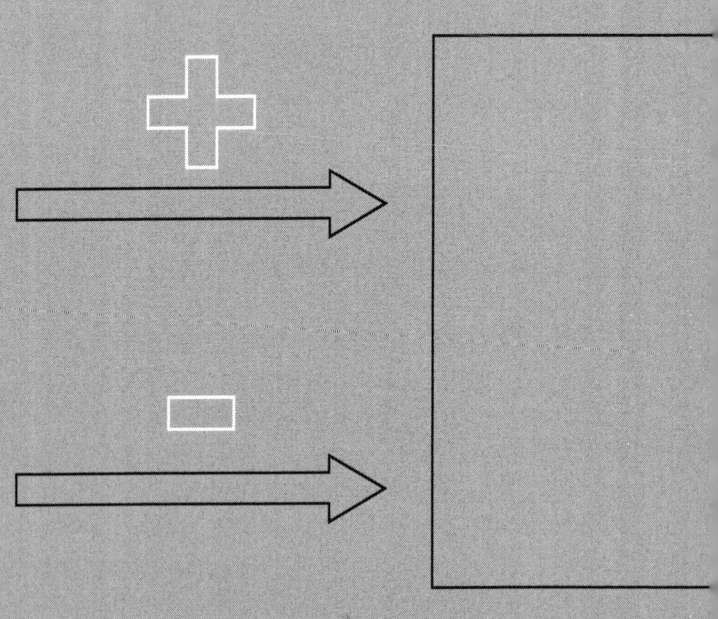

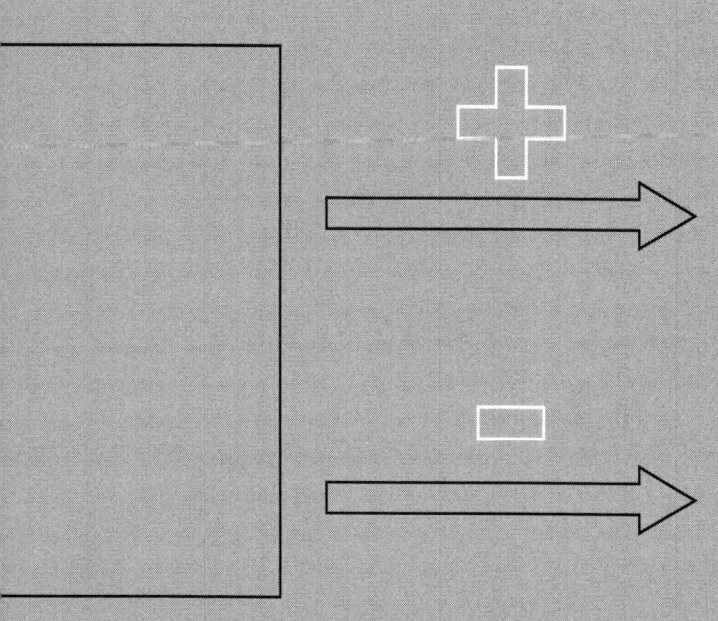

Abbildung 1

in den Medien oft erst im Zusammenhang mit Untersuchungs-Ausschüssen oder Gerichtsverfahren gebraucht. Das scheint ein menschliches Paradoxon zu sein:

Wir wollen möglichst viel Freiheit haben, aber gleichzeitig möglichst wenig Verantwortung übernehmen und am besten gar nicht schuld sein.

Das führt dann dazu, dass wir Menschen uns selbst gern nach einem mechanistischen oder deterministischen Modell beschreiben.

Dieses Bild (Abb. 1) impliziert, dass der Mensch jeweils entsprechend der auf ihn eintreffenden Reize reagiert. Wenn er gut behandelt wird, reagiert er entsprechend positiv und wenn er schlecht behandelt wird, entsprechend negativ. Dieses Bild wäre aber eher Tieren in der Wildnis zuzuordnen, die tatsächlich nicht anders können, als ihren angeborenen Trieben und Instinkten gemäß zu re-agieren. Wenn ihnen Beute begegnet: töten und fressen; wenn ihnen zur passenden Zeit ein Sexualpartner begegnet: paaren; und wenn ein Rivale auftritt: besiegen, vertreiben oder töten. Da mag es zwar Ähnlichkeiten in der menschlichen Welt geben, was aber nichts daran ändert, dass der Mensch grundsätzlich frei entscheiden kann, wie er handelt. Oder zumindest handeln könnte. Vielleicht kommt daher auch der Ausspruch des Nobelpreisträgers Konrad Lorenz:

„Der Übergang vom Affen zum Menschen – das sind wir."

Das wirft nicht nur die Frage auf „Wo stehe ich persönlich auf der Achse zwischen Affe und Mensch?" Damit steht auch die Frage im Raum, welches Menschenbild könnte Konrad Lorenz vor Augen gehabt haben, wenn er meinte, wir wären erst der Übergang zum eigentlichen Menschen?

Möglicherweise wurde er durch das von Frankl beschriebene Menschenbild inspiriert, das den Menschen als entscheidende Instanz beschreibt, die auf äußere Reize (und auch innere Befindlichkeiten) nicht re-agiert, sondern bewusst antwortet (Abb. 2).

DER MENSCH ALS ENTSCHEIDENDE INSTANZ, DIE ANTWORTET UND VER-ANTWORT-LICH IST

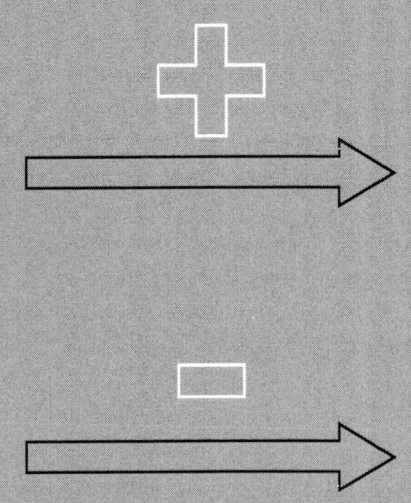

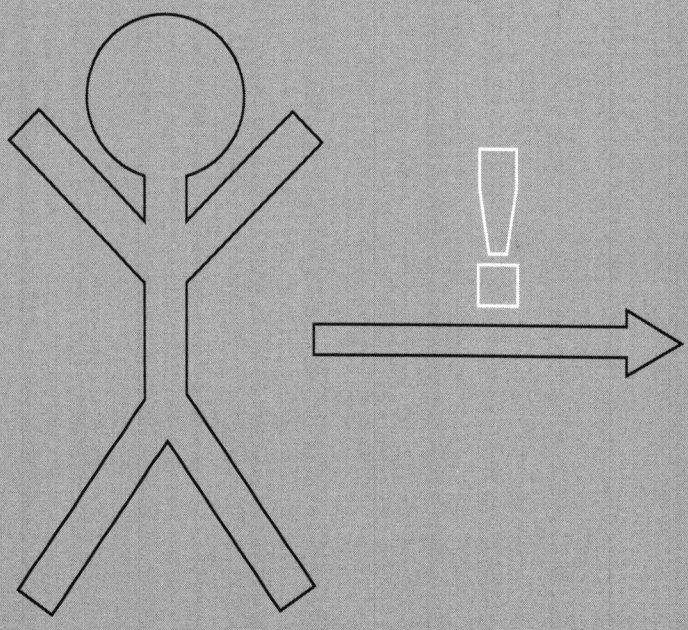

Abbildung 2

Bestätigt und umfangreich kommentiert wird die Wichtigkeit der Eigenverantwortung für den Menschen, bis hin zu gesundheitlichen Auswirkungen, durch Joachim Bauer in seinem Buch: Selbststeuerung – die Wiederentdeckung des freien Willens. Darin widerlegt er auch sehr überzeugend das verbreitete Missverständnis, dass bestimmte neurobiologische Studien das Fehlen einer freien Entscheidungsfähigkeit belegen würden. Auch die Neurobiologie bestätigt den freien Willen des Menschen und damit auch seine Verantwortlichkeit für seine Entscheidungen.

Beispiel: Sie fahren mit Ihrem Auto auf der Autobahn zur Arbeit. Während Sie gerade auf der linken Fahrspur ein anderes Fahrzeug überholen, nähert sich von hinten ein SUV bis auf einen halben Meter. Etwas links versetzt, damit Sie das hintere Auto auch wirklich in allen Rückspiegeln wahrnehmen, gibt der Fahrer durch unterschiedliche Signale zu erkennen, dass Sie sich gefälligst sofort in Luft aufzulösen haben. Auf dieses Verhalten haben Sie ebenso wenig Einfluss, wie auf die biologische Reaktion Ihres eigenen Körpers (Blutdruck, Gesichtsfarbe, Muskelspannung, etc.). Auch wenn Sie sich jetzt unter Druck gesetzt fühlen, haben Sie nun mehrere Entscheidungs-Möglichkeiten. Nicht alle davon dienen Ihrer Gesundheit: kurz aber heftig auf die Bremse tippen oder den Drängler vorbeilassen und sich dann wutentbrannt an seine Stoßstange heften. Die Geschwindigkeit demonstrativ verringern und im Rückspiegel beobachten,

ob der andere Fahrer in seinem Auto „explodiert",
mag eine mögliche Machtdemonstration darstel-
len, verzögert aber Ihre eigene Fahrt. Da Sie aber
– im Gegensatz zu beispielsweise einem Gorilla
– einen freien Willen haben und nicht an Reflexe
und Instinkte gebunden sind, können Sie Ihren
Überholvorgang ganz gelassen fortsetzen und sich
dabei Frau und Kinder des Dränglers hinter Ihnen
vorstellen, wie sie sich zu Hause über die unver-
sehrte Heimkehr des Goril … äh … Ehemanns und
Vaters freuen.

Zweite Säule: Der Mensch strebt nach Sinn

Frankl hat sich intensiv mit der Frage auseinandergesetzt, was
den Menschen zum Menschen macht. Das hat ihn auch zu der
Frage nach dem grundlegenden Motivationsprinzip geführt.
Was treibt den Menschen an? Oder besser: Was zieht Menschen an? Sein Lehrer Sigmund Freud vertrat vereinfacht gesagt
die Ansicht: Es ist der Wille zur Lust. Der Mensch ist bewussten
oder unbewussten Trieben und Begierden unterworfen und
möchte diese ausleben oder befriedigen. Wenn der Mensch
diese immanenten Triebe verdrängt, wird er krank. Sehr wohl
hat Freud dem Menschen auch zugestanden, dass er nicht nur
vor der Wahl steht, Begierden zu verdrängen oder auszuleben,
sondern sich auch mit seinen biologischen Bedingungen arran-
gieren kann, indem er diese sublimiert. Damit hat der Mensch
die Möglichkeit, seine Triebe durch eine andere, gesellschaft-
lich anerkannte Aktivität auszuleben. Damit reduzierte Freud

allerdings jegliches Streben des Menschen, einschließlich Liebe, berufliches Engagement und Hilfsbereitschaft, auf eine Kompensation eines Triebes oder eine höhere Art der Triebabfuhr. Ein weiterer Lehrer Frankls, Alfred Adler, postulierte wiederum, dass der Mensch grundsätzlich einem Gefühl der Minderwertigkeit unterliegt und dieses durch Machtstreben zu kompensieren versucht, oder sich durch eine neurotische Erkrankung quasi aus der Verantwortung „stiehlt". Was Freud und Adler eint, ist die Ansicht, dass es die Gefühle im Menschen sind, die ihn antreiben und motivieren, bis hin zu heroischen Höchstleistungen. Freud hat sich dabei stark auf das Bewusst-Sein als menschliches Phänomen bzw. Bewusst-Machen als Therapie konzentriert. Adler wiederum hat sich besonders mit dem Verantwortlich-Sein als menschliche Eigenschaft und Aufgabe beschäftigt.

Viktor Frankl hat nun beide Aspekte des Mensch-Seins, das Bewusst-Sein und das Verantwortlich-Sein, in seinem Konzept zusammengeführt. Und er sah daher den Menschen nicht getrieben von inneren Befindlichkeiten, sondern angezogen von einem äußeren Auftrag, den er als Sinn oder Sinn-Motiv bezeichnete. Der Mensch strebt nach Sinn und will Sinn verwirklichen. Die Möglichkeit etwas Sinnvolles zu tun, motiviert zu ungeahnten Leistungen und befähigt darüber hinaus auch, unbeschreibliche Belastungen auszuhalten. Diese These hat Frankl nicht nur theoretisch in den 1930er Jahren aufgestellt und beschrieben, sondern als Gefangener in vier Konzentrationslagern des Nationalsozialismus auch praktisch gelebt und dadurch (nach seinen eigenen Worten) letztendlich auch überlebt. Wenn es einen Kronzeugen für die Beschreibung und Bedeutung des Resilienz-Begriffes gibt, dann ist das Viktor E. Frankl. Und wenn es ein Dokument gibt, mit dem das am eindrücklichsten und überzeugendsten belegt wird, dann ist das sein Buch „Trotzdem ja zum Leben sagen".

Aus heutiger Sicht wird dabei schnell deutlich, dass bei diesem Konzept nicht der vordergründige „Spaß im Job" als Voraussetzung für Leistungsfähigkeit und Leistungsbereitschaft im Mittelpunkt steht und auch nicht die Selbstverwirklichung. Vielmehr stellt sich die Freude an der Arbeit als Folge der Sinn-Verwirklichung ein. Und auch der Erfolg. Denn: Erfolg muss er-folgen.

Die Freude am Job ist also nicht Voraussetzung für die Leistung, sondern die Folge eines als sinnvoll erkannten Beitrags zum Gesamterfolg des Unternehmens. Bonifikationen, Incentives und Statussymbole nehmen dadurch eine untergeordnete Rolle ein, im Vergleich zu persönlicher Anerkennung, sozialer Integration und sinnvoller Aufgabe. Eine Sinn-volle Aufgabe motiviert stärker als materielle Vergütungen. Das wird auch deutlich anhand der ehrenamtlichen Aktivitäten vieler Menschen bei Feuerwehr, Rettung, Caritas, etc.

Weitere Motivationstheorien des 20. Jahrhunderts im Vergleich

Neben Frankls Sinn- und Werte-Lehre gab es in der zweiten Hälfte des 20. Jahrhunderts natürlich auch weitere Motivations-Konzepte. Eines der bekanntesten ist wohl die sogenannte Bedürfnis-Pyramide nach Abraham Maslow. Er ging davon aus, dass die menschlichen Bedürfnisse hierarchisch aufgebaut sind, und die jeweils höheren Bedürfnisse, die unteren bedingen. So meinte er, dass der Mensch zunächst seine grundlegenden physiologischen Bedürfnisse befriedigt wissen muss, bevor soziale Bedürfnisse relevant werden. In der allgemein bekannten Version seiner Bedürfnis-Pyramide steht die Selbstverwirklichung des Menschen an der Spitze. Weniger bekannt ist, dass Maslow – nicht zuletzt auch in der Diskussion mit Viktor Frankl – später präzisiert hat, dass Selbstverwirklichung nicht Egozentrierung meint, sondern letztlich nur durch die Identifikation mit einer Aufgabe möglich ist, die außerhalb der eigenen Bedürfnisse liegt. Darum hat Maslow seiner berühmten Pyramide schließlich eine weitere Stufe hinzugefügt, die er als das Bedürfnis nach Transzendenz bezeichnete (Abb. 3). Das deckt sich mit Frankls Aussagen, dass sich der Sinn „in der Welt" befindet und das Sinn-Streben ausgerichtet ist, auf etwas oder jemanden, außerhalb der eigenen Person. Im Widerspruch liegt die Maslow'sche Bedürfnis-Pyramide mit Frankl dort wo sie die Befriedigung der physiologischen und sozialen Bedürfnisse als Voraussetzung für Selbstverwirklichung und Ausrichtung auf eine Aufgabe beschreibt. Gerade in seinem Buch „Trotzdem ja zum Leben sagen" zählt Frankl Beispiele von Menschen auf, die ohne auch nur die grundlegendsten physiologischen Bedürfnisse (Hunger) befriedigt zu haben, trotzdem für andere Mithäftlinge einstehen und dadurch Sinn verwirklichen. Frankl geht sogar so weit, dass er den Willen zum Sinn in manchen Situationen stärker erlebt hatte als den Überlebenstrieb, wenn es zum Beispiel darum ging, geschwächte Mithäftlinge vor dem Verhungern zu retten, indem ihnen die eigene Essensration geschenkt wurde.

Eine weitere bekannte Motivations-Theorie ist die von Frederick Herzberg aufgestellte Motivator-Hygienefaktor-Theorie. Er beschreibt einerseits die sogenannten Hygienefaktoren, die als Voraussetzung für Zufriedenheit anzusehen sind, per se aber keine Motivation bringen. Sie dienen eher dazu, eine Demotivation und somit eine Verringerung der Arbeitsleistung zu vermeiden. Dazu gehören Arbeitsbedingungen, Gehalt, Sozialleistungen und administrative Abläufe. Davon zu unterscheiden sind die Motivatoren, die tatsächlich einen Zuwachs an Zufriedenheit und damit auch an Leistung bringen können. Dazu gehören Anerkennung und Erfolg sowie Verantwortung und persönliche Entwicklung. Die Übereinstimmung mit Frankl liegt hier darin, dass die Möglichkeit, eine (sinnvolle!) Leistung zu erbringen und die Möglichkeit, über sich hinaus zu wachsen, den Menschen in seinem Sinn-Streben anspricht und motiviert. Frankl geht aber mit seinem Konzept noch einen Schritt weiter. Er gesteht dem Menschen zu, durch die Gestaltung der inneren Einstellung, selbst unter schlechten äußeren Rahmenbedingungen, Sinn zu verwirklichen. Also auch bei Fehlen eines oder mehrerer Hygienefaktoren. Damit bekommt der Mensch einen weiten Gestaltungs-Horizont und wird unabhängiger von äußeren Rahmenbedingungen und Einflussfaktoren.

Zwei neuere Studien zum Thema Motivation durch Sinn lieferten einerseits Thomas Höge und Tatjana Schnell von der Universität Innsbruck sowie der amerikanische Sozio-Ökonom Dan Ariely. Beide bestätigen das Konzept Frankls, indem sie zeigen, dass ein Sinnerlebnis als wirksamer Motivationsfaktor dient. Umgekehrt wird deutlich, dass der Eindruck von Sinnlosigkeit in Bezug auf die Arbeit, zu Demotivation und Leistungsabfall führt. Und zwar selbst dann, wenn die Arbeit grundsätzlich gerne verrichtet wird. Wenn der Sinn-Bezug verloren geht, vergeht auch die Freude.

Und noch schlimmer: Sinn-Verlust in der Arbeit ist mindestens ebenso als Ursache für Burnout anzusehen wie Überarbeitung

BEDÜRFNIS-PYRAMIDE NACH ABRAHAM MASLOW

Selbst-
verwirklichung

Anerkennung

Soziale Bedürfnisse

Sicherheits-Bedürfnisse

Physiologische Grundbedürfnisse

Abb. 3: Die bekannte Bedürfnispyramide nach
A. Maslow (links) und die weniger bekannte,
von Maslow später selbst ergänzte Version (rechts)

oder nicht bewältigbarer Stress (vgl. M. Leibovici-Mühlberger: „Die Burnout Lüge" und T. Schnell: „Psychologie des Lebenssinns"). Damit leistet die sinnorientierte Ausrichtung der Führungskräfte und der MitarbeiterInnen einen wesentlichen Beitrag zur betrieblichen Gesundheitsförderung, durch Vorbeugung psychischer Belastungen am Arbeitsplatz, Burnout-Prävention sowie allgemein durch Krisenprävention und sinnvolle Krisenbewältigung. Darüber hinaus werden dadurch die Mitarbeiterbindung und das Engagement ebenso gefördert, wie die Attraktivität als Arbeitgeber für neue MitarbeiterInnen. Menschen werden von einer Sinn-erfüllten Arbeit geradezu angezogen.

> **Beispiel**: Schlafentzug ist eine Foltermethode. Wenn Angehörige eines autoritären Regimes Geständnisse erpressen wollen, ist Schlafentzug sehr wirksam. Es kann aber auch durchaus sinnvoll sein, einige Nächte ohne Schlaf auszukommen. Das Sinn-Motiv verhindert in so einem Fall, dass man daran psychisch zerbricht. Und das wissen alle Jung-Eltern aus eigener Erfahrung. Da es als sinnvoll erlebt wird, das Neugeborene mehrmals pro Nacht zu füttern, ist die Belastung des Schlafmangels leichter zu ertragen als sinnloser oder sinnwidriger Schlafentzug. Dasselbe gilt auch für alle beruflichen Belastungen und Herausforderungen. Ein Veränderungsprozess, eine Organisationsänderung, die für das Unternehmen überlebensnotwendig ist, und von der Belegschaft als sinnvoll erlebt wird, kann auch entsprechend leich-

ter mitgetragen werden. Einsparungsmaßnahmen hingegen, die die Gewinnmarge von 45% auf 50% vom Umsatz anheben sollen, wird man den Mitarbeitern schwer als sinnvoll „verkaufen" können.

Dritte Säule: Das Leben hat unter allen Umständen Sinn

Neben dem freien Willen, der die Entscheidungsfreiheit des Menschen begründet und dem Willen zum Sinn als zentrale Motivationskraft hat Frankl noch ein drittes, grundlegendes Prinzip für das Menschsein definiert. Nämlich die unerschütterliche Überzeugung, dass das Leben eines jeden Menschen auch tatsächlich einen Sinn hat. Und zwar ungeachtet der äußeren Rahmenbedingungen. Und dass dieser Sinn nicht darin besteht, gesund zu bleiben, erfolgreich zu sein und möglichst lange zu leben. Diese durchaus wünschenswerten Umstände bestimmen nicht, ob das Leben einen Sinn hat, sondern es ist genau umgekehrt: Nur, wenn das Leben einen Sinn hat, lohnt es sich, gesund zu sein, Erfolg zu haben und lange zu leben.

Damit geht dieses Konzept über klassische Management-Ausbildungsmethoden und Prinzipien hinaus und schließt so existenzielle Themen wie Freiheit und Verantwortung, Umgang mit Fehlern und Schuld, sowie Krisenprävention und Krisenbewältigung mit ein. Das bedeutet nicht, dass Fehler oder Schuld per se sinnvoll wären, sondern dass der Mensch auch trotz Fehlern und trotz Schuld einen Sinn in jeder Situation finden kann. Das setzt natürlich eine gewisse persönliche Reife und ausreichend Selbstwert voraus. Nicht das erfolgreiche Abstreiten bzw. Abstreifen jeglicher Schuld oder Verantwortung zeugt von Größe, sondern das Eingeständnis, Fehler gemacht zu haben. Selbst wenn ein Schaden eingetreten ist, der nicht wieder gut zu machen ist, kann durch sinn-volles Verhalten wieder „Gutes in die Welt" geschaffen, und damit auch eine Art von indirekter Wiedergutmachung bewirkt werden.

Dass die Sinnhaftigkeit des Lebens nicht nur immer wieder in Frage gestellt wird, sondern manchmal auch endgültig verneint wird, zeigt das beunruhigende Ausmaß an Suiziden, gerade auch unter erfolgreichen Menschen. Trotzdem wird die Frage nach dem persönlichen Sinn im Wirtschafts- und Berufsleben oft als „philosophisch" abgewertet und nicht diskutiert. Mehr noch als die Themen Verantwortung und Schuld wird das Thema Sinnhaftigkeit des Lebens und damit auch des Arbeitslebens tabuisiert oder zumindest ignoriert und unterschätzt. Dabei ist das Sinn-Streben nicht nur ein höchst wirksamer Motivationsfaktor, sondern auch ein bedeutender Resilienz-Faktor. Die Einsicht, dass etwas Sinn hat oder die Möglichkeit, auch unter schwierigen Bedingungen einen persönlichen Sinn zu erfüllen, leistet einen wesentlichen Beitrag zur Erhaltung der Gesundheit, selbst unter belastenden Rahmenbedingungen.

> **Beispiel**: Eine Krankenschwester arbeitet bei einem Internisten, der auf Darmspiegelungen spezialisiert ist. Der Arzt lebt einen autoritären Führungsstil, ganz nach dem Motto: „Nicht geschimpft ist Lob genug", die Kolleginnen und Kollegen sind auch frustriert und lassen sich das auch gegensei-

tig spüren und letztlich sind auch die Patienten nicht wirklich begeistert von der Untersuchung. Zumindest letzteres ist auch entsprechend nachvollziehbar. Ein Jobwechsel kommt für die 55-Jährige nicht mehr in Frage und auch eine Änderung der Rahmenbedingungen ist aus ihrer Sicht nicht möglich („Der ändert sich nie"). Was kann die betroffene Frau nun tun, um nicht vor Frust und Enttäuschung krank zu werden? Zunächst, die Wozu-Frage stellen: „Wozu arbeite ich hier? Was ist mein Beitrag? Was bewirke ich?" Im Laufe der Beratungsgespräche erkennt sie, dass die Untersuchung, wenn auch sehr unangenehm, einen Beitrag zur Krebsvorsorge der Patienten leistet. Sie selbst leistet also einen Beitrag zur Vermeidung einer schweren Krankheit. Den Patienten ist die Untersuchung unangenehm und ihr selbst ist der Job unangenehm. Die Frau erkennt: „Wir sitzen im selben Boot." Dann stellt sie sich die Frage: „Was kann ich dazu beitragen, dass die Untersuchung für die Patienten weniger unangenehm und beängstigend ist?" Da kann die Krankenschwester sehr wohl etwas beitragen, durch eine freundliche Atmosphäre, durch das Ausstrahlen von Gelassenheit, Verständnis und Kompetenz. Sie kann also nicht nur dazu beitragen, dass Patienten keinen Darmkrebs bekommen, oder dieser zumindest sehr frühzeitig erkannt wird. Sie kann auch noch einen Beitrag leisten, dass die Untersuchung weniger unangenehm empfunden wird. Damit hat sie ihr „Wozu?" gefunden und die Bereitschaft zum

„Trotzdem" gewonnen. Die äußeren Umstände haben sich kein bisschen geändert, aber durch die innere Haltung und durch die Sinn-Erkenntnis hat die Frau wieder Freude an ihrer Arbeit gefunden. Dass sie dadurch auch ihre Kolleginnen „mitgerissen" hat und diese dann auch weniger missmutig waren, braucht nicht eigens erwähnt zu werden.

Wie hat Frankl nun die Wende geschafft, von der philosophischen Frage, ob und welchen Sinn das Leben an sich haben könnte, hin zu einer praktischen Orientierung für die Gestaltung des Alltags? Er hat in einer Art kopernikanischen Wende, die Frage nach dem Sinn umgekehrt: „Das Leben stellt uns die Fragen und unsere Aufgabe ist es, zu antworten und somit unser Leben zu ver-ant-worten." Das heißt also, dass wir die Augen offen halten sollen für die Aufgaben, die das Leben uns stellt. Und da es für jeden Menschen Aufgaben „draußen in der Welt" gibt, hat das Leben auch unter allen Umständen und für jede und jeden Einzelnen einen individuellen Sinn.

**Dieser Perspektivenwechsel
vom Fragesteller zum antwortenden Sinn-Erfüller
macht uns vom hilflosen Opfer der Umstände
zum aktiven Gestalter unseres (Arbeits-)Lebens.**

Fazit:

Auch, wenn es oft verlockend und bequem erscheint: Wir Menschen sollten uns nicht auf die Umstände, Sachzwänge oder unsere Charaktereigenschaften ausreden. Wir haben einen freien Willen und damit verbunden auch die Verantwortung für unsere innere Haltung. Und für unsere Entscheidungen und Handlungen. Genau in dem Maße jedoch, wie unsere Entscheidungsfreiheit automatisch auch Verantwortlichkeit bedingt, führt die Übernahme von Verantwortung auch zu mehr Freiheitsgraden. Das ist ja genau der Grund, warum kleine Kinder alles selber machen wollen. Weil sie Verantwortung übernehmen wollen und dadurch mehr Freiheit gewinnen. Und abgesehen vom Freiheits-Gewinn: Es liegt einfach in unserer menschlichen Natur, frei und verantwortlich zu sein. Wenn wir diese Freiheit aufgeben, dann geben wir auch ein Stück unseres Mensch-Seins auf. Und wer will das schon? Neben der Freiheit gehört auch das Sinn-Streben zu uns Menschen. Das deckt sich mit vielen Motivations-Theorien, auch wenn es den einen oder anderen Widerspruch, oder vielleicht besser: Ergänzung und Erweiterung gibt. In Extremsituationen kann der Fokus auf den übergeordneten Sinn ungeahnte Leistungsreserven mobilisieren, ohne krank zu machen.

Ein ganz wesentlicher Grundsatz und Effekt der Sinn-Orientierung ist die Überzeugung, dass das Leben immer einen Sinn hat, auch in schwierigen Situation, angesichts von Leid und Schuld. Dieser wird sichtbar durch die Umkehrung der Sinn-Frage: Nicht wir sollen danach fragen, was uns das Leben bietet, sondern das Leben stellt uns die Fragen. Unsere Aufgabe ist es, sinnvoll zu antworten und unser Leben damit zu verantworten. Das bringt schon wieder Verantwortung, aber auch Selbstwirksamkeit und Gestaltungsfreiraum. Vorausgesetzt, wir verabschieden uns von der Frage nach dem „Warum?" und wenden uns hin zu der nach vorne gerichteten Frage: „Wozu fordert mich das heraus?"

DER MENSCH
IN 3 DIMENSIONEN

Auf den drei Säulen „Freier Wille", „Streben nach Sinn" und „unbedingte Sinnhaftigkeit des Lebens" aufbauend, hat Viktor Frankl den Menschen als dreidimensionales Wesen beschrieben. Er hat damit jedoch nicht die drei räumlichen Dimensionen gemeint. Vielmehr hat Frankl neben der körperlichen und der psychischen Dimension die geistige Dimension als die spezifisch menschliche beschrieben (Abb. 4). Die körperliche Dimension bezieht die Anatomie ebenso ein wie die Physiologie, also alle biologischen Grundlagen und Prozesse. In der zweiten, der psychischen Dimension, liegen sowohl Emotion als auch Kognition begründet. Nach diesem Modell spannen diese beiden Dimensionen eine Ebene auf, die auch verdeutlicht, dass sich körperliche und psychische Dimension gegenseitig beeinflussen. Körperliche Schmerzen oder Hunger haben eine Auswirkung auf unser Fühlen und Denken, und psychischer Stress kann ein Auslöser für körperliche Symptome sein.

WUSSTEN SIE, DASS FRANKL DEM MENSCHEN 3 DIMENSIONEN ZUGESTEHT?

Psyche

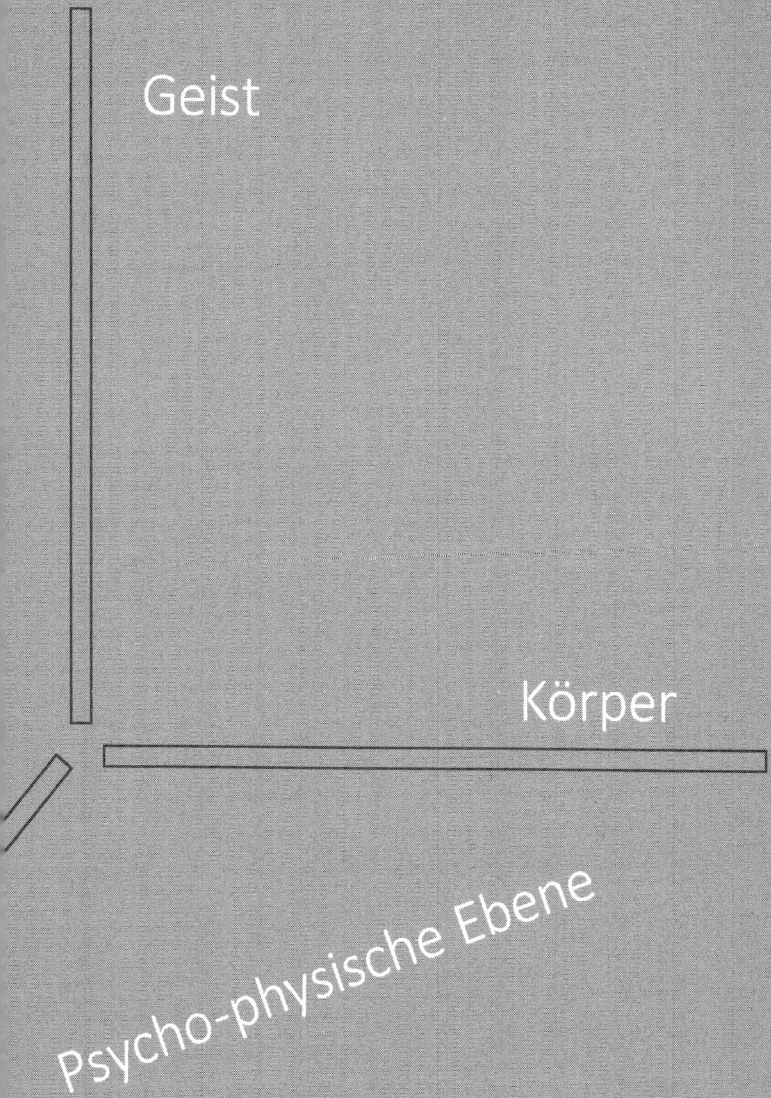

Geist

Körper

Psycho-physische Ebene

Abbildung 4: Die drei Dimensionen des menschlichen Seins nach Frankl

Bis hierher gibt es noch keinen Unterschied zu den anderen Wirbeltieren. Diese haben nicht nur einen Körper, sondern genauso wie wir auch Intellekt und Emotionen. Was den Menschen laut Frankl erst zum Menschen macht und vom Tier unterscheidet, ist eben die geistige Dimension. In ihr ist die Fähigkeit zur Selbstreflexion ebenso begründet wie das Sinnstreben, die Spiritualität, der Humor und die Liebe. Die Tatsache, dass der Mensch überhaupt nach einem Sinn im Leben fragen und danach suchen kann, wird auch erst durch die geistige Dimension erklärt.

Aber auch die Kreativität, die Fähigkeit etwas ganz neues, noch nie Dagewesenes zu Denken und Schaffen ist zutiefst menschlich. Das bedeutet nicht, durch irgendwelche Kreativitäts-Techniken oder „Werkzeuge" bereits Vorhandenes zu kombinieren und etwas Neues daraus zu entwerfen. Das könnte auch ein Computerprogramm. Wirklich kreativ ist das Erdenken und Erschaffen von etwas, das zwar nicht undenkbar ist, aber bisher noch von niemanden gedacht wurde.

Neben der Spiritualität und der humanen Liebe ist auch der Humor eine wesentliche menschliche Eigenschaft, die Frankl in der geistigen Dimension ansiedelt. Dabei ist der Humor nicht nur human, sondern auch existenziell wichtig für uns. Es heißt nicht umsonst: „Humor ist, wenn man trotzdem lacht." Lustig zu sein, wenn alles gut geht, ist leicht möglich. Schwierigkeiten, Herausforderungen und Belastungen mit Humor zu nehmen, ist eine wichtige menschliche Bewältigungs-Strategie. Warum sind bei autoritären Gruppierungen und Regimen Karikaturen und Komödien so verhasst? Weil sie auf Angst gegründet sind, der Humor jedoch die Angst vertreibt. Wir können nicht gleichzeitig über etwas lachen und Angst davor haben. Außerdem ist Selbst-Ironie

und Mut zum (humorvollen) Scheitern ein Zeichen von Selbst-
vertrauen und Stärke. Humorlosigkeit und Ankämpfen gegen das
Lachen zeigen eigentlich nur Schwäche und Unsicherheit auf.

> **Beispiel:** Wie weit die Stressbewältigung mit
> Humor gehen kann, hat Frankl in seinen Berichten
> über die Gefangenschaft in Konzentrationslagern
> gezeigt: Er und seine Mitgefangenen haben sich
> immer wieder Witze erzählt, die in Zusammen-
> hang mit ihrem Lagerleben standen und sogar
> Kabarett-Aufführungen organisiert. Auch wenn
> der Vergleich hinkt: Geschichten aus der Schul-
> und Wehrdienstzeit des Autors, wo manche
> „soziopathischen" Lehrer und Berufssoldaten nur
> mit Humor zu ertragen waren, würden ein eige-
> nes Buch füllen. Hier nur so viel: Das Zeichnen von
> Lehrer-Karikaturen war ein sehr probates Mittel,
> um die Belastungen des Schulalltags und so man-
> che Ungerechtigkeiten der Lehrer auszuhalten.
> Am Ende des Militärdienstes wurde gemeinsam
> eine „Abrüster-Zeitung" in Anlehnung an eine
> Maturazeitung erstellt, in der die belastenden
> Erlebnisse durch Karikaturen, Originalzitate und
> witzige Berichte verarbeitet wurden. Und es
> soll auch schon Bürogemeinschaften geben, die
> mit Chef-Karikaturen einen wirksamen Weg zur
> Bewältigung von Unberechenbarkeit und autori-
> tärem Verhalten gefunden haben.

Daraus folgend hat Frankl zwei konkrete Fähigkeiten, die der Mensch aus seiner geistigen Dimension heraus besitzt, mehrfach und ausführlich in seinen Werken beschrieben:

Selbst-Distanzierung:

Damit ist die Fähigkeit gemeint, aus den ersten beiden Dimensionen, also aus der psycho-physischen Ebene „herauszutreten" und zu den körperlichen und psychischen Bedingungen Stellung zu nehmen. Diese Eigenschaft des Menschen macht deutlich, wie es gelingen kann, auch unter schwierigen äußeren Rahmenbedingungen oder auch trotz körperlicher bzw. psychischer Beschwerden, Sinn zu verwirklichen. Und sie erklärt auch, warum der Mensch eben nicht nach dem Reiz-Reaktions-Modell (s. Abb. 1) re-agieren muss, sondern das, was um ihn herum oder auch in ihm geschieht, bewerten und darauf eine Antwort geben kann.

Diese bewusste Selbst-Beobachtung aus einer emotionalen und kognitiven Distanz heraus, so als würden wir uns selbst in einem Film sehen, hilft uns, zu den äußeren oder inneren Belastungen Stellung zu nehmen und sich zu fragen: Was passiert da gerade? Und was macht das mit mir? Will ich das zulassen? Und wie will ich darauf antworten? Damit bewerten wir die Umstände und Rahmenbedingungen quasi als „Außenstehender" und geben uns selbst die Möglichkeit, bewusst über unsere weiteren Handlungen zu entscheiden.

Beispiel: Eine Führungskraft steht unter Druck, wird vom Vorgesetzten schlecht behandelt, hat private Probleme mit Partner und/oder Kindern, schlecht geschlafen, nicht gefrühstückt und wurde auf dem Weg in die Arbeit von einem anderen Autofahrer der Vorfahrt beraubt und beinahe in einen Verkehrsunfall verwickelt. Und jetzt steht sie vor der Wahl: Lässt sie ihren gesamten Frust an den Mitarbeitern aus („So bin ich eben. Ich muss das rauslassen!") oder ist sie sich ihrer geistigen Dimension und damit der Entscheidungsfreiheit bewusst und wählt trotzdem wertschätzende und respektvolle Umgangsformen mit den Mitarbeitern und Kollegen. Selbst wenn ein Mitarbeiter mit einer schlechten Nachricht kommt und es innerlich zu brodeln beginnt, kann die Führungskraft bildhaft einen Schritt zur Seite machen, sich selbst von außen beobachten und auf die oben angeführten Fragen eine sinnvolle und verantwortungsvolle Antwort finden. Weil sie als Mensch drei Dimensionen zur Verfügung hat und nicht wie ein Tier von Instinkten und Trieben gesteuert wird.

Selbst-Transzendenz:

Dies ist die Ausrichtung auf eine Sache, ein Werk, eine Aufgabe oder auch auf einen anderen Menschen als Sinn-Anruf und Sinn-Motiv. Die geistige Dimension des Menschen begründet den Willen zum Sinn, das Sinn-Streben und damit das zutiefst menschliche Bedürfnis, eine sinnvolle Aufgabe zu erfüllen. Die Fähigkeit zur Selbst-Transzendenz ist es auch, die die humane Liebe erklärt; zu den Kindern, zum Partner oder auch zu Menschen, die einen jetzt und hier dringend brauchen. Und Selbst-Transzendenz ist eine essenzielle Fähigkeit einer guten Führungskraft.

> **Beispiel**: Jemand will Führungskraft werden. Nun stellt sich (hoffentlich) die Frage: Wozu? Was ist die Motivation? Das Ansehen im Unternehmen oder der ehemaligen Schulkollegen beim Klassentreffen? Das höhere Gehalt oder die Privilegien, wie Parkplatz oder Dienstauto? Eine selbst-transzendente Haltung ist eine gute Grundlage für eine erfolgreiche Führungskraft. Wenn die primäre Motivation darin liegt, Mitarbeitende zum Erfolg zu führen, ihnen zu ermöglichen, eine sinnvolle Aufgabe für das Unternehmen zu erfüllen, und dadurch selbst erfolgreich zu sein, dann ist das selbst-transzendent und sinn-orientiert. So wie es eine Führungskraft im Rahmen eines Seminars auf den Punkt brachte: „Führen heißt, andere Menschen erfolgreich machen."

Fazit:

Im Gegensatz zum Tier besteht der Mensch nicht nur aus Körper und Psyche, sondern zeichnet sich vor allem durch seine geistige Dimension aus. Darin liegt nicht nur seine Fähigkeit zur Selbstreflexion, sondern auch das Streben nach Sinn. Menschen wollen einen Sinn im Leben finden und erfüllen. Dieses dreidimensionale Menschenbild erklärt auch die zutiefst humanen Aspekte wie Liebe, Humor und Spiritualität. Gerade der Humor befähigt den Menschen, extreme Belastungen zu überstehen: „Humor ist, wenn man trotzdem lacht." Und genau dieses „trotzdem" ist es, was uns Menschen ausmacht. Frankl bezeichnet diese Fähigkeit auch als Selbst-Distanzierung, weil der Mensch dadurch zu seinen äußeren und inneren Bedingungen auf Distanz gehen kann. Und aus dieser Distanz heraus kann er bewusst entscheiden, welche innere Haltung er einnimmt und welche äußeren Handlungen er setzt. Und wenn diese Handlungen dann auch noch selbst-transzendent, also ausgerichtet auf eine Aufgabe oder einen anderen Menschen sind, dann ist das eine zutiefst menschliche Entscheidung. Wer sich von den Umständen und Rahmenbedingungen nicht unterkriegen lässt und sich „trotzdem" auf eine persönliche Aufgabe, auf ein „Wozu?" ausrichtet, der erfüllt und verwirklicht Sinn.

VIELE WEGE FÜHREN ZUM SINN

Wie finde ich Sinn in der Arbeit? Welche Möglichkeiten der persönlichen Sinn-Verwirklichung gibt es? Laut Frankl erfolgt Sinnerfüllung durch Werte-Verwirklichung, und dazu beschreibt er gleich mehrere Kategorien von Möglichkeiten, sozusagen als Hauptstraßen zum Sinn.

Schöpferische Werte verwirklichen:
Ausrichtung auf und Hingabe an eine Aufgabe

Das setzt Leistungsfähigkeit voraus, aber auch Leistungsbereitschaft. Und natürlich auch eine Leistungsanforderung. Wenn ich fähig und willig bin, mein Angebot aber gerade nicht gebraucht wird, muss ich mir vielleicht die folgenden Fragen stellen:

Was kann ich gut? Wo werde ich gebraucht? Wozu könnte ich meinen persönlichen Beitrag leisten?

**Schöpferische Werte verwirklichen heißt,
einen Eindruck oder einen persönlichen Abdruck
in der Welt hinterlassen.**

Aber: nicht jedes Werk, nicht jede Leistung ist a priori sinnvoll oder sinnerfüllt. Schon in der griechischen Mythologie wird die anstrengende aber völlig sinnbefreite Leistung des Sisyphos beschrieben, der einen Felsbrocken in mühevoller Arbeit auf einen Berg hinauf wälzt, nur um kurz darauf mitanzusehen, wie der Felsen wieder hinunterrollt. Und damit geht es für ihn wieder von vorne los. Auf die heutige Zeit übertragen, sind es genau die sinnlosen oder gar sinnwidrigen Aufgaben und Tätigkeiten, die Menschen psychisch krankmachen und geradewegs ins Burnout führen. Dieser Zusammenhang wird ausführlich beschrieben von Martina Leibovici-Mühlberger in ihrem Buch „Die Burnout Lüge". Dort heißt es, es sind nicht nur die belastenden, stresserfüllten Arbeitsbedingungen, die krankmachen, sondern vor allem auch die Sinn-Entleerung und Entfremdung von der Arbeit. Und tatsächlich wäre es für Sisyphos nicht weniger frustrierend und krankmachend, wenn er statt des Felsens einen Kieselstein täglich aufs Neue den Berg hinaufbringen müsste, ohne auch nur einen Funken Sinn darin zu erkennen.

An dieser Stelle eine kurze Begriffs-Bestimmung zu sinnlos und sinnwidrig: Sinnlos ist eine Tätigkeit, wenn sie keinen Sinn erfüllt, aber auch keinen Schaden anrichtet. Dazu gibt die Geschichte von Sisyphos ein plakatives Beispiel ab. Sinnwidrig wäre dann die Steigerung von sinnlos, weil eine sinnwidrige Aufgabe nicht nur keinen Sinn erfüllt, sondern sogar im Widerspruch zu Sinn (als das Bestmögliche für alle Beteiligten) steht. Zum Beispiel: Fleisch mit abgelaufenem Haltbarkeitsdatum neu zu etikettieren, um es trotzdem verkaufen zu können. Oder noch drastischer: Landminen zu produzieren, die vorwiegend Zivilisten verletzen oder töten.

Ebenfalls wichtig: Das Bewusstsein, dass jeder Beitrag zum „großen Ganzen" ein schöpferischer Wert ist, der verwirklicht werden kann. Das schließt die Arbeit des Reinigungspersonals ebenso ein, wie die der Lagerarbeiter und Auszubildende. Bei den schöpferischen Werten geht es nicht nur um die großartige Erfindung, die geniale Idee oder die Super-Performance. Es geht um jeden Beitrag. Und es geht vor allem auch um die innere Haltung: Wozu leiste ich meinen Beitrag? Was ist der Sinn meiner Tätigkeit? Nicht jede Aufgabe muss Spaß machen, aber jede Aufgabe sollte einen erkennbaren Sinn haben.

Beispiel: Ein engagierter Produkt-Experte in einem Chemischen Industriebetrieb, identifiziert sich sehr mit seinen Produkten. Obwohl mittlerweile zur Führungskraft eines kleinen Teams aufgestiegen, wird meist er selbst um seine Expertise gefragt und seltener seine Mitarbeiter. Gleichzeitig ist er aber auch ein sehr gewissenhafter und analytischer Mensch, der ein sehr gutes Zahlengefühl hat. Auch als Führungskraft ist er bei seinen Mitarbeitern respektiert und geschätzt. Als er eine neue Abteilung übernehmen soll, die für statistische Prozesskontrolle verantwortlich ist, bringt er zunächst seine Enttäuschung zum Ausdruck. Sowohl seine Produkte als auch seine Mitarbeiter sind ihm ans Herz gewachsen und die Arbeit macht ihm große Freude. Das alles möchte er nicht gern verlieren. Nach mehreren Gesprächen wird ihm aber klar, dass gerade er mit seiner langjährigen

Erfahrung im Unternehmen und mit seinem Talent für Statistik in der neuen Funktion gebraucht wird. In der alten Funktion ist er leichter ersetzbar, weil seine Mitarbeiter ausreichend Expertise besitzen. Gerade durch das Loslassen seiner Mitarbeiter ermöglicht er ihnen Weiterentwicklung und Wachstum. Er stellt sich der neuen Herausforderung, weil er seinen persönlichen Sinn darin erkennen kann und ist bereit, seine alte, liebgewonnene Funktion aufzugeben.

Erlebniswerte verwirklichen:
Ausrichtung auf das Positive

Hierfür bedarf es der Fähigkeit zu genießen, aber auch der Dankbarkeit für das Gute und Schöne, in der Welt und im Job. Was sind die positiven Aspekte meiner Arbeit, die ich bislang immer als selbstverständlich angesehen habe? Und hier sind wir wieder bei der Verantwortung aller Mitarbeiter gelandet. Die Unternehmensleitung und die Führungsmannschaft kann nur die Rahmenbedingungen für sinnerfülltes Arbeiten schaffen. Aber wertschätzen und nicht als selbstverständlich ansehen müssen es die Angestellten schon selbst. Und auch das wiederum ist nicht selbstverständlich. Wichtiger Hinweis: Mit Wertschätzen des Positiven ist kein vordergründiges und unreflektiertes „Positiv Denken" gemeint. Es geht nicht darum, das Negative zu verdrängen oder umzudefinieren, sondern darum, der Realität sehr wohl ins Auge zu blicken und gleichzeitig die verbleibenden positiven Aspekte nicht zu übersehen.

Beispiel: Ein Unternehmen hatte, um die Mitarbeiterzufriedenheit zu erhöhen, einen Folder produziert, auf dem alle zusätzlichen Leistungen des Unternehmens aufgelistet waren. Diese Folder wurden in den Kantinen aufgestellt und sollten die Mitarbeiter erinnern, was es alles an positiven „Extras" für die Belegschaft gibt: Vom Fitnessstudio über den Betriebskindergarten, von der finanziellen Stützung des Mittagessens und Obstkörben in manchen Teeküchen bis zu work-at-home Möglichkeiten. Und wie haben manche der Mitarbeiter reagiert? Sie haben sich die umfangreiche Liste der Sonderleistungen durchgelesen, Punkt für Punkt kontrolliert und sich dann beschwert, wenn sie den einen oder anderen Benefit nicht bekamen („Wo ist mein Obstkorb?") oder nicht benötigten („Betriebskindergarten brauch ich nicht").

Erlebniswerte verwirklichen heißt, positive Eindrücke aus der Welt aufnehmen und in Dankbarkeit wertschätzen.

Dazu gehört auch eine bewusste Balance zwischen Ärger über Missgeschicke und Freude über Gelungenes oder über etwas, das letztendlich dann doch nicht schiefgegangen ist. Auch hier neigen wir dazu, uns weit weniger über den positiven Ausgang einer Krise oder eines „Beinahe-Unfalls" zu freuen, als wir im Vergleich dazu mit dem negativen Ausgang zu kämpfen hätten.

Beispiel: Nach einer geschäftlichen Besprechung in einem Kaffeehaus gehen Sie in die Parkgarage zu Ihrem Auto und kommen dort ohne Ihre Laptoptasche an. Ihr erster Gedanke („im Kaffeehaus vergessen") bestätigt sich leider nicht. Als Sie zurück gehen ist dort keine Spur von Ihrem Laptop. Dann allerdings fällt Ihnen ein, dass Sie den Laptop beim Bezahlen des Parktickets abgestellt und neben dem Kassenautomaten stehen gelassen haben. Als Sie wieder beim Automaten ankommen steht der Laptop tatsächlich noch daneben. Hand aufs Herz: Wie lange freuen Sie sich darüber, dass der Laptop nicht verloren ging? Fünf Minuten? Und wie lange haben Sie Schwierigkeiten, wenn der Laptop nicht mehr dort ist? Ein bis zwei Wochen? Wir sollten uns über die Probleme, die nicht eingetreten sind, mindestens so lange und intensiv freuen, wie wir uns mit den Folgen plagen würden, wenn es doch einmal schlecht ausgegangen wäre.

Beziehungswerte verwirklichen:
Ausrichtung auf andere Menschen

Andere Menschen in ihrer Einmaligkeit und Einzigartigkeit wertzuschätzen und in ihrer persönlichen Entwicklung zu unterstützen gehört zu den schönsten und wichtigsten Führungsaufgaben. Viktor Frankl hat dazu immer wieder Goethe zitiert: „Wer den Menschen so nimmt wie er ist, macht ihn schlechter. Wer den Menschen so sieht wie er sein soll, macht ihn zu dem, der er sein kann."

Beziehungswerte verwirklichen heißt, sich von anderen Menschen beeindrucken zu lassen und sie in ihrer Entwicklung und ihrem Wachstum zu unterstützen.

Dabei sind vor allem auch die Führungskräfte herausgefordert, aber nicht nur diese. Gerade im Umgang mit Mitarbeitern ist eine selbstbewusste und reife Persönlichkeit gefragt. Sinn-orientiert führen heißt nicht, es allen recht zu machen. Konstruktive Kritik und die Förderung der Talente und Stärken sind ebenso sinnvoll wie ein wertschätzendes „bis hierher und nicht weiter!"

> **Beispiel**: Sie haben einen neuen Mitarbeiter, der sehr engagiert und motiviert ist. Sie erkennen sein Potenzial und geben ihm entsprechende Aufgaben, an denen er wachsen kann. Am Ende des Jahres geben sie ihm in der Leistungsbeurteilung ein klares „Erfüllt" mit entsprechendem Lob und Hinweis auf die Möglichkeiten zur Weiterentwicklung. Der Mitarbeiter ist zutiefst enttäuscht, denn er hat sich die Bewertung „Übertroffen" in Bezug auf seine Jahresziele erwartet. Auf die Frage, was er denn übertroffen hätte, kommt als Antwort: Seine vorige Führungskraft hat ihn immer mit „Übertroffen" beurteilt und nun fühlt er sich zurückgestuft. Er war doch nicht schlechter als in den Jahren davor. Im weiteren Gespräch stellt sich heraus, dass der Mitarbeiter auch in der Vergangenheit keine Ziele

übertroffen hatte. Die überragende Beurteilung samt entsprechender Prämie war offenbar der Versuch, den Mitarbeiter extrinsisch zu motivieren. Auf die Frage, ob und worin er von seiner vorigen Führungskraft herausgefordert und zur Weiterentwicklung angehalten wurde, kommt die Antwort: „Er war immer zufrieden mit mir und hat mich nie kritisiert. Es hat immer alles gepasst." Das war zwar sehr nett gemeint, hat dem Mitarbeiter aber nicht wirklich geholfen. Außer einer hohen Erwartungshaltung an die Leistungsbeurteilung hat das beim Mitarbeiter nichts bewirkt. Er hatte kein konstruktives Feedback zur persönlichen Weiterentwicklung erhalten und auch keine Möglichkeit bekommen, seine Leistungsgrenzen einzuschätzen oder mit Scheitern umzugehen. Dieses Verhalten der Führungskraft war nicht Sinn-orientiert, weil es dem Mitarbeiter nur kurzfristig höhere Leistungsprämien verschafft, ihn aber nicht in seiner persönlichen Entwicklung unterstützt hat. Führungskräfte, die ihren Mitarbeitern keine Gelegenheit geben, über sich hinaus zu wachsen und sich weiter zu entwickeln, handeln also ebenso sinnwidrig wie jene, die ihren Mitarbeitern keinerlei Lob und Anerkennung zukommen lassen.

Sinn-erfüllung am Arbeitsplatz durch Fördern und Pflegen persönlicher Beziehungen ist aber nicht nur für Führungskräfte möglich. Die Mitarbeiter tragen auch gegenseitige Verantwortung für das Arbeitsklima und somit auch für die sogenannten psychischen Belastungen am Arbeitsplatz. Aus neurobiologischen Untersuchungen wissen wir mittlerweile, dass soziale Ausgrenzung im Gehirn dieselben Reaktionsmuster hervorruft wie körperliche Schmerzen. Dazu braucht es noch kein Mobbing oder bewusste psychische Gewaltausübung. Es reicht, wenn es eine soziale Gruppe gibt, von der eine Person ausgeschlossen wird. Der Neurobiologe Gerald Hüther weist deshalb immer wieder darauf hin: Menschen wollen wachsen und dazugehören. Beide Grundbedürfnisse des Menschen könnten am Arbeitsplatz befriedigt werden, wenn sowohl die Führungskräfte als auch die Kolleginnen und Kollegen „mitspielen". Dann könnten sich die Mitarbeitenden weiterentwickeln und im sozialen Miteinander Sinn erfahren.

Einstellungswerte verwirklichen:
Ausrichtung auf ein „Wozu?" und auf ein „Trotzdem"

Wie kommt es, dass manche Menschen alles haben, was man sich nur wünschen kann und trotzdem unzufrieden und unglücklich sind? Und wie kann es sein, dass andere Menschen von Misserfolgen oder gar vom Schicksal gebeutelt sind, und trotzdem ein erfülltes Leben leben? Auch dafür hat Frankl eine überzeugende Erklärung: Wenn der Mensch an einem Punkt angelangt ist, an dem er weder durch eine Aufgabe noch durch Dankbarkeit oder in sozialen Begegnungen Sinn verwirklichen kann, dann bleibt ihm nur noch – oder besser: immer noch – die innere Einstellung als Gestaltungsmoment. Wenn keine äußere *Handlung* mehr möglich ist, dann ist die innere *Haltung* gefragt. Und dann ist der Mensch auch ganz besonders in seinem Menschsein gefragt. Aus seiner geistigen Dimension heraus kann der Mensch Distanz zur Situation einnehmen und vielleicht auch mit einer Prise Humor fragen: „Was macht das jetzt gerade mit mir? Will ich das zulassen? Oder will ich an meiner Haltung arbeiten und mich nicht so schnell unterkriegen lassen?"

Das Fadenkreuz von Erfolg-Misserfolg und Erfüllung-Verzweiflung (Abb. 5) macht dies deutlich. Erfüllung im Leben aufgrund von Erfolg ist nicht weiter schwierig. Dennoch rutschen auch vordergründig erfolgreiche Menschen in die Verzweiflung ab, wenn sie keinen Sinn im Leben bzw. im Erfolg erkennen können. Dass erfolglose Menschen eher verzweifeln als Erfüllung zu finden ist auch naheliegend. Aber genau dort setzt Frankl mit der Einstellung bzw. Haltung an. Statt im Falle von Misserfolgen oder Schicksalsschlägen in der „Warum?"-Frage zu kreisen, empfiehlt er stattdessen nach dem „Wozu?" zu fragen. Also: „Wozu fordert mich diese Situation heraus?" oder „Wozu (oder für wen) will ich die momentane Situation bewältigen?"

Einstellungswerte verwirklichen heißt aber nicht, einfach nur "positiv denken" oder Leid verdrängen, sondern den Tatsachen durchaus realistisch ins Auge blicken. Auch der Tatsache, dass ich die eine oder andere belastende Rahmenbedingung nicht ändern kann und es verschwendete Energie wäre, dagegen anzukämpfen. Diese Energie ist besser eingesetzt, wenn der verbleibende Gestaltungsfreiraum gesucht und erkannt wird. Auch wenn sich vielleicht nur die innere Einstellung zu unveränderlichen Rahmenbedingungen gestalten lässt. Trotz allem.

Einstellungswerte verwirklichen heißt: Unabänderlichen Bedingungen mit Haltung begegnen und trotzdem Gestalter des eigenen Verantwortungsbereiches bleiben.

Beispiel: Ein Unternehmen schreibt Gewinne und reduziert dennoch den Mitarbeiterstand, um die hochgesteckten (und den Aktionären versprochenen) Ziele zu erreichen. Ein Jobverlust ist immer frustrierend und enttäuschend. Besonders schwierig zu ertragen ist er dann, wenn es dem Unternehmen eigentlich gut geht und der Sinn der Kündigung nicht nachvollziehbar ist. Da er aber im vorliegenden Fall offenbar nicht zu ändern ist, könnte eine mögliche persönliche Antwort eines betroffenen Mitarbeiters auf die Frage „Wozu fordert mich das jetzt heraus?" sein: „Ich habe zwei Kinder im Teenager-Alter. Denen möchte ich jetzt ein Vorbild sein und ihnen vorleben, dass man mit Enttäuschungen und Rückschlägen selbst-wirksam umgehen kann. Dass man nicht in der Opferhaltung verharren muss, sondern zuversichtlich nach vorne blickend nach Lösungen suchen kann. Jetzt können die beiden etwas lernen und dafür will ich eine sinn-orientierte Haltung einnehmen. Und die Gestaltungshoheit für mein Leben behalten. Ich bin der Regisseur und kein Statist."

DAS FADENKREUZ NACH VIKTOR FRANKL

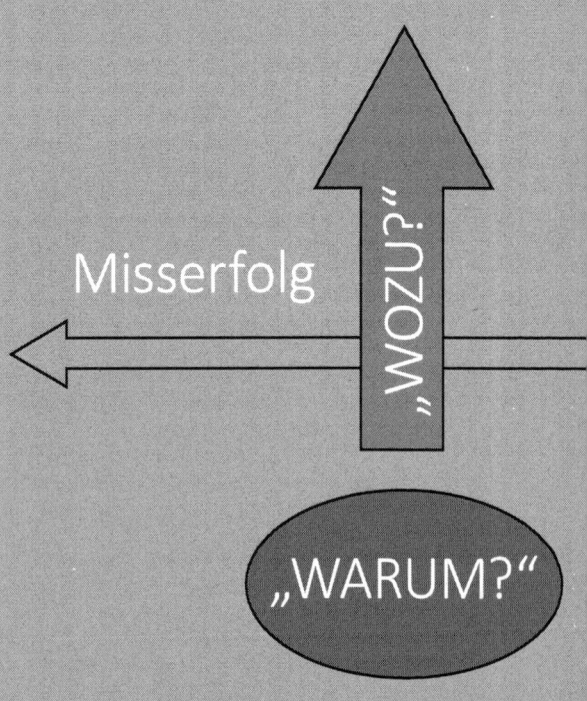

Misserfolg

„WOZU?"

„WARUM?"

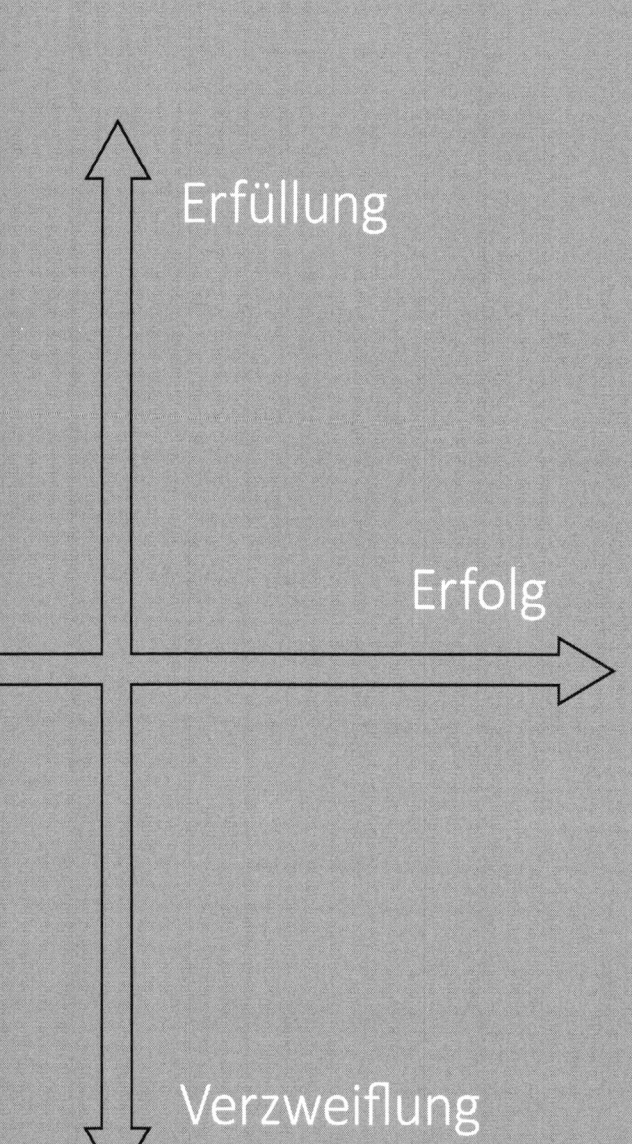

Abbildung 5

Eine sehr ähnliche Erklärung dafür, was Menschen auch unter schwierigen Rahmenbedingungen gesund bleiben lässt, hat Aaron Antonowsky mit dem sogenannten Kohärenzkonzept entwickelt. Auch er beschäftigte sich mit der Frage „Was hält gesund?" und hat damit auch den Begriff Salutogenese (wörtlich: Entstehung von Gesundheit, im Gegensatz zu Pathogenese: Entstehung von Krankheit) geprägt. Abgesehen von den äußeren Einflüssen, den sogenannten Stressoren hat er drei wesentliche Einflussfaktoren beschrieben, die auch in Stressbedingungen gesundheitserhaltend wirken.

Erstens: Wenn die Ereignisse eine gewisse Vorhersehbarkeit aufweisen und **verstehbar** sind. Wenn also der Vorgesetzte am Vormittag beim geringsten Anlass cholerisch aufbrüllt, nach dem Mittagessen dann aber einen gepflegteren, freundlicheren Umgangston wählt, und dieses Verhalten konsistent bleibt, ist das für die Mitarbeiter offensichtlich weniger belastend, als ein unberechenbarer Chef, bei dem man nie weiß, wie er in der nächsten Sekunde reagiert.

Zweitens: Die anstehende Herausforderung sollte bewältigbar oder zumindest muss die Situation in einem gewissen Ausmaß **gestaltbar** sein. Das ist auch eine der Grundlagen von erfolgreichen Veränderungen. Wenn ein zumindest minimaler Gestaltungsfreiraum für die beteiligten Mitarbeiter bleibt, ist der Prozess weniger belastend und wird eher mitgetragen.

Drittens: Wenn die Belastung als **sinnhaft** erkannt und erlebt wird. Obwohl beispielsweise Schlafentzug physisch und psychisch als sehr belastend erlebt wird, werden schlaflose Nächte von Eltern neugeborener Babies bei weitem nicht als unerträgliche Belastung empfunden. Die Sinnhaftigkeit des regelmäßigen Versorgens in kurzen Abständen macht den Schlafmangel leichter erträglich. Zumindest für eine zeitlich begrenzte Phase.

Auch hier zeigt sich wieder eine Bestätigung des sinn-zentrierten Motivations-Konzept Frankls und eine Übereinstimmung mit moderner Literatur wie bei Martina Leibovici-Mühlberger (Die Burnout-Lüge) oder Joachim Bauer (Arbeit). Darüber hinaus wurde der Sinn als wesentlicher Faktor für die Betriebliche Gesundheitsförderung beispielsweise auch vom Deutschen Bundesministerium für Arbeit und Soziales in einer Studie (Psychische Gesundheit im Betrieb) betont.

Fazit:

„Das Leben hat unter allen Umständen einen Sinn." Das ist schon eine starke Behauptung von Viktor Frankl. Aber er zeigt auch die vielfältigen Möglichkeiten und Wege auf, um einen persönlichen Sinn im (Arbeits-)Leben zu finden. Das kann in erster Linie eine sinnvolle Aufgabe und ein als sinnvoll erkannter Beitrag zum Gesamterfolg sein. Aber auch das bewusste Einüben von Dankbarkeit für die positiven Aspekte der Arbeit ist ein möglicher Weg zur Sinn-Erfüllung. Ein freundlicher Chef, ein nettes Team, ein nicht allzu weiter Anfahrtsweg sind nicht selbstverständlich und die Wertschätzung solcher Faktoren kann eine wertvolle Kraftquelle sein. Auch die Pflege von sozialen Kontakten und der persönliche Beitrag zu einem guten Arbeitsklima kann eine Sinn-Aufgabe im Beruf sein. Die Wichtigkeit und Wirksamkeit des gemeinsamen Miteinanders als Teil des Betrieblichen Gesundheitsmanagements wird gerne unterschätzt. Und letztendlich bleibt auch noch die innere Haltung zu unabänderlichen äußeren Bedingungen oder Ereignissen als Möglichkeit, einen ganz persönlichen Sinn-Auftrag zu erfüllen. Es ist immer eine Frage der Ausrichtung: Auf eine Aufgabe, auf positive Aspekte, auf andere Menschen oder eben auf ein „Trotzdem" und auf die Frage „Wozu?"

KONSEQUENZEN FÜR WIRTSCHAFT, FÜHRUNG UND ARBEIT

Führungskompetenzen

Bei der Aufzählung von Fähigkeiten bzw. Eigenschaften, die eine gute Führungskraft mitbringen sollte, um einen guten (wirksamen) Job zu machen, werden neben der fachlichen Kompetenz, mittlerweile auch soziale Kompetenz und emotionale Kompetenz genannt. Soziale Kompetenz setzt die grundlegende Ansicht voraus, dass der Mensch ein soziales Wesen ist. Und dass das Gesamtergebnis einer Organisation oder eines Projektes nicht nur von der Summe der Fähigkeiten aller „Mitstreiter", sondern vor allem auch von der Bereitschaft zur Interaktion und zur Zusammenarbeit abhängt. Eine sozial kompetente Führungskraft vermeidet daher, auch im Sinne des Gesamtergebnisses, inneren Konkurrenzdruck in der Abteilung und fördert vielmehr die Kooperationsbereitschaft der Teammitglieder.

Zur fachlichen Kompetenz: Die Zeiten, wo der Chef alles besser gewusst hat, auf alle Fragen eine Antwort parat hatte und Mitarbeiter reine Ausführungs-Gehilfen waren, sind weitgehend vorbei. Selbstverständlich braucht eine Führungskraft Fachkompetenz, muss aber auch aushalten, dass Mitarbeiter tieferes oder umfangreicheres Wissen haben. Je weniger Expertenwissen die Führungskraft im Vergleich zu den Mitarbeitern hat, umso mehr persönliche Reife und Vertrauen zum Team braucht der Chef. Nichts ist frustrierender als ein inkompetenter Vorgesetzter, der trotzdem überzeugt ist, alles besser zu wissen und sich von den Mitarbeitern nichts sagen lässt. Sinn-orientiert führen heißt auch: Zulassen und aushalten, ja sogar fördern, dass Mitarbeiter (zumindest auf manchen Fachgebieten) mehr wissen, deren Wissen in die Führungsarbeit einzubeziehen und im Vertrauen auf die kompetenten Mitarbeiter Entscheidungen zu treffen und dafür geradezustehen, selbst wenn sie sich im Nachhinein als falsch herausstellen.

Bei der emotionalen Kompetenz wird es schon schwieriger: Heißt das, es bedarf besonderen Einfühlungsvermögens und Mitgefühls um eine emotional kompetente Führungskraft zu sein? Muss man Gefühle zeigen können und auf die Gefühle der Mitarbeiter Rücksicht nehmen? Nicht zwingend. Es würde schon genügen, sich selbst einzugestehen, dass Entscheidungen nie rein rational getroffen werden, sondern die Gefühlsebene durchaus mitmischt. Darüber hinaus wäre wichtig, zu erkennen, dass Begeisterung eine wichtige Voraussetzung für das Lernen ist. Jede Erkenntnis, die mit einem positiven Gefühl verknüpft ist, merkt sich das Gehirn leichter und länger (vgl. G. Hüther). Der Neurobiologe Joachim Bauer wiederum unterscheidet zwischen dem emotionalen Einfühlungsvermögen, das für sehr „kopflastige" Menschen eher schwer zu erlernen ist, und der rationalen Fähigkeit zum Perspektivenwechsel. Letztere ist auch für wenig empathische Menschen möglich und erlernbar und meint, den Blickwinkel einer anderen Person einzunehmen unter Berücksichtigung von deren Rahmenbedingungen und Voraussetzungen.

Ein Leistungseinbruch kann zum Beispiel mehrere Ursachen, und zwar in allen drei von Frankl beschriebenen menschlichen Dimensionen haben: In der körperlichen Dimension kann eine Stoffwechselstörung zu Antriebslosigkeit führen. In der psychischen Dimension kann ein traumatisches Erlebnis zu einer Art reaktiver Depression führen und die Leistungsfähigkeit einschränken. Und letztlich führt ein Sinn-Vakuum in der geistigen Dimension oft zu Demotivation und verminderter Leistung. Langfristig vielleicht sogar zum Burnout.

Beispiel: Ein Mitarbeiter hat einen schleichenden Leistungseinbruch über mehrere Monate. Von seiner Vorgesetzten schließlich darauf angesprochen, erzählt er von einer Psychotherapie wegen anhaltender Antriebslosigkeit. Die Führungskraft zeigt Verständnis und fragt dennoch, ob auch eventuelle körperliche Ursachen medizinisch abgeklärt wurden. Die Frage wird vom Mitarbeiter verneint und er beschließt daraufhin einen Arzt aufzusuchen. Nachdem dieser eine Stoffwechselstörung diagnostiziert hat, und ein entsprechendes Medikament verschreibt, zeigt sich bald eine Linderung der Symptome. Nach einigen Wochen ist der Mitarbeiter wieder motiviert und engagiert, und das Vertrauensverhältnis zur Vorgesetzten hat sich auch vertieft.

Der Unternehmensberater Werner Berschneider fügt zu den üblicherweise genannten Führungskompetenzen noch die Sinn-Kompetenz hinzu. Damit betont er, dass Sinn- und Werte-orientiertes Führen sich auch in den wirtschaftlichen Ergebnissen niederschlägt. Das deckt sich mit den Erfahrungen des Autors: Es gibt tatsächlich Unternehmen, die Sinn-orientiert mit Mitarbeitern, Kunden und Lieferanten umgehen und nicht trotzdem, sondern gerade deshalb auch wirtschaftlich erfolgreich sind. Eines der bekannteren Beispiele ist das Unternehmen dm-Drogeriemarkt und hier sei die Autobiografie des Gründers und langjährigen Leiters Götz Werner empfohlen („Womit ich nicht gerechnet habe").

Beispiel: Ein neuer Lehrling bringt große Unruhe in ein Team, weil er sehr ruppig und ungestüm agiert. Auch wenn er gute Arbeit leistet, fleißig und ordentlich ist, stören seine rauen Umgangsformen das Harmoniebedürfnis der Abteilung. Einige Kollegen drohen zu kündigen, wenn sich nichts ändert. Der Geschäftsführer des kleinen Handwerksbetriebs kündigt den Lehrling nicht, sondern kontaktiert einen befreundeten Unternehmer. Im dortigen Betrieb gibt es ein Teilelager, wo genau so ein rauer Umgangston herrscht, wie es der Lehrling an den Tag legte. Er darf die Lehrstelle wechseln, bekommt einen Job in diesem Lager, und wird mit Abschluss seiner Lehre zum stellvertretenden Lagerleiter befördert.

Freiheit und Verantwortung

Kleine Kinder wollen bereits Verantwortung übernehmen, weil es ihren persönlichen Freiraum erweitert. Wir Erwachsenen neigen dann dazu, ihnen Verantwortung wieder abzunehmen, besonders, wenn wir es eilig haben. Wenn wir die Kinder in den Kindergarten bringen und sie sich selbst umziehen wollen, dann bedarf es größter Selbstdisziplin, wenn die Besprechung um 8 Uhr 30 auf dem Spiel steht. Das gibt es auch im Berufsleben, wenn Führungskräfte ihren Mitarbeitern Verantwortung abnehmen, weil es scheinbar schneller geht, als ihnen die Aufgabe zu erklären. Um dann vielleicht ihre eigentliche Führungs-Verantwortung an anderer Stelle nicht wahrzunehmen.

Was hindert uns daran, Verantwortung zu übernehmen? Zum Beispiel Bequemlichkeit. Und auch die Angst vor dem Scheitern. Wenn ich selbst entscheide, dann liegt es ja an mir. Dann bin ich schuld, wenn es schiefgeht. Eine Führungskraft, die das Konzept Viktor Frankls ernst nimmt und in der Praxis anwendet, kommt am engen Zusammenhang von Freiheit und Verantwortung nicht vorbei. Frankl betont, dass die menschliche Freiheit eine doppelte ist, nämlich einerseits eine **Freiheit von etwas** (z. B. frei von Angst, oder frei von bestimmten Verpflichtungen wie etwa persönliche Zeitaufzeichnungen zu führen – in manchen Unternehmen wird das Privileg, die Anwesenheit nicht „stempeln" zu müssen als „Vertrauens-Arbeitszeit" bezeichnet). Und andererseits beschreibt er auch die **Freiheit zu etwas** (z. B. die Freiheit, über ein bestimmtes Budget entscheiden zu können, ohne sich eine zusätzliche Genehmigung einzuholen). Beide Aspekte der menschlichen Freiheit begründen sofort die Verantwortung für die entsprechenden Konsequenzen, sobald wir eine Entscheidung getroffen haben. Es ist immer wieder interessant zu beobachten, dass Führungskräfte in hierarchisch sehr hoch angesiedelten Positionen gern als „Entscheidungsträger" oder „Entscheider" bezeichnet werden. Das impliziert, dass sie die Freiheit haben, (wichtige, folgenschwere) Entscheidungen zu treffen. Selten bis gar nicht werden sie hingegen als „Verantwortungsträger" oder „Verantworter" bezeichnet.

Nun sind aber Freiheit und Verantwortung zwei Seiten derselben Medaille. Sowohl in der Wirtschaft als auch in der Politik wird das Thema Verantwortung zwar gern ausgespart. Wer aber die Verantwortung für getroffene Entscheidungen von sich weist, gibt damit entweder zu, dass er gar keine Entscheidungsfreiheit hatte (und damit die ihm zugeschriebene Machtposition nicht hatte und auch eigentlich kein „Entscheider" war) oder weist einfach die zweite Seite der Medaille von sich. Frankl sieht es aber als notwendige Bedingung des Mensch-Seins, dass der Mensch mit der Freiheit des Willens auch Verantwortung für die Folgen hat.

Ein Beispiel für eine Führungskraft, die Verantwortung übernimmt: Drei Abteilungen teilen sich ein Chemisches Labor. Eine neue Führungskraft übernimmt eine der Abteilungen. Nach einer Woche findet sie in der Teambesprechung klare Worte: „Ich habe mir die Zustände in diesem Labor angeschaut und ich bin nicht bereit, diese Verhältnisse zu akzeptieren. Für meine Mitarbeiter ist es unzumutbar unter diesen Bedingungen zu arbei-

ten!" Während die anderen beiden Abteilungslei-
ter noch Luft holten und bevor sie etwas erwidern
konnten, fährt die Führungskraft fort: „Und ich
übernehme die Verantwortung dafür, dass sich
das ändert. Ich werde einen Workshop organisie-
ren und einen Projektleiter für ein Lean-Projekt
suchen, um dieses Labor mit Euch gemeinsam zu
optimieren. Sagt mir bitte bis Ende dieser Woche,
welche Mitarbeiter aus euren Teams für dieses
Projekt abgestellt werden." So sieht Leadership
mit Verantwortungsbewusstsein aus.

Einen sehr spannenden Ansatz zur Darstellung der Bedeutung
von Verantwortung und Sinn in der Arbeitswelt hat der Präsident
des Österreichischen Gewerbevereins, Andreas Gnesda, in seinem Buch „Next World of Working" gewählt. Er beschreibt den
Weg zur Sinn-Erfüllung im Unternehmen als Bergtour, die gut
vorbereitet sein will und wo es vor allem auf die Zielvision und
die Menschen ankommt. Zum Thema Verantwortung schreibt
er: „SINN:VOLLE Arbeitswelt heißt, Verantwortung zu übernehmen.
Verantwortung für Mitarbeiter, für Kunden, für die Gesell-
schaft, für die Generationen nach uns und für unsere Umwelt."

Ein wesentlicher Unterschied des Menschen zum Tier ist die
Schuldfähigkeit, die laut Frankl in der Menschenwürde begründet ist. Ein Hund, der reflexartig zubeißt ist nicht „schuld", weil er
nicht frei entscheiden konnte. Wer aber dem Menschen die Verantwortung abspricht und Schuld abnimmt, nimmt ihm gleichzeitig auch die menschliche Würde. Umgekehrt ist persönliche

Schuld aber auch nur dann gegeben, wenn Entscheidungsfreiheit und Wissen gleichermaßen zur Verfügung stehen.

> **Beispiel**: Wenn ein Autofahrer sein Fahrzeug vor einem Schutzweg anhält und ein nachfolgendes Fahrzeug ungebremst auffährt, wird sein Auto möglicherweise auf den Schutzweg geschoben. Sollte das zu verletzten Fußgängern führen, ist er verständlicherweise nicht schuld. Wenn nun aber ein Mitarbeiter (Generation 50+) aus einer anderen Abteilung gekündigt wird und sich auf eine offene Stelle in meinem Verantwortungsbereich bewirbt? Bin ich dann schuld an seiner Arbeitslosigkeit, wenn ich ihm die Stelle nicht geben kann, weil er die erforderlichen Kompetenzen nicht hat? Die sinn-orientierte Antwort lautet: Nein. In diesem Falle wäre es sogar sinnwidrig und auch nicht besonders wertschätzend, wenn er die Position nur aus Mitleid bekäme und von vornherein zum Scheitern verurteilt wäre.

Macht braucht Kontrolle – und ein „Wozu"

Sigmund Freud hat uns über die Macht unserer Triebe, die Macht der Lust und des Unbewussten aufgeklärt. Alfred Adler wiederum beschrieb Machtstreben als Kompensation von empfundener Minderwertigkeit. Wie viel Macht haben wir über uns selbst? Viktor E. Frankl hat ein Menschenbild beschrieben, das uns offensichtlich sehr viel Macht zugesteht. Im Gegensatz zu deterministischen oder fatalistischen Welt- und Menschenbildern sind wir weder unseren Trieben noch unserem Schicksal hilflos ausgeliefert. Und schon gar nicht unseren persönlichen Launen, Charaktereigenschaften oder Prägungen. Wir haben Macht über uns selbst. Und auch wenn der Macht-Begriff überwiegend negativ besetzt ist (Machtmissbrauch, Machtrausch, Machtmensch, etc.), braucht es Macht, um etwas zu bewegen. Macht kommt von machen. Ohne Macht sind wir ohnmächtig. Die Frage ist nur, wie die Macht eingesetzt wird, und vor allem wozu. Macht in Verbindung mit Selbsttranszendenz sinn-voll eingesetzt kann viel bewirken. Macht als reiner Selbstzweck oder nur zum eigenen Nutzen eingesetzt, ist sinnwidrig und kann Sinn-Möglichkeiten zerstören. Macht braucht also nicht nur Kontrolle, sondern vor allem auch ein Sinn-Motiv. Selbsttranszendenz heißt ja, die Aufmerksamkeit auf die Herausforderung zu richten, in die mich das Leben jetzt gerade stellt. „Wo bin ich gerade jetzt gefordert?" und „Wo werde gerade ich jetzt gebraucht?". Und: „Wo kann ich meine Macht sinnvoll zum Einsatz bringen?"

> **Beispiel**: Ein Politiker kann seine Macht dazu einsetzen, positive Veränderungen für die Bevölkerung durchzusetzen. Oder auch dazu, um seine eigene Machtposition noch weiter auszubauen und zu festigen. Bei Führungskräften ist das ganz genauso. Ein Manager nützt beispielsweise seine Beziehungen im Konzern um seinen Verantwor-

tungsbereich zu erweitern und um noch mehr Macht zu bekommen. Diese setzt er dann ein, um Günstlinge zu befördern – nicht um diese weiter zu entwickeln, sondern um sich im Fall des Falles deren Unterstützung zu sichern. Das führt dann dazu, dass seine Personalentscheidungen weitgehend Unverständnis und Kopfschütteln hervorrufen. Weil fähige und kompetente Mitarbeiter keine Chance auf Beförderung haben, wenn sie nicht zum Kreise der begünstigten „Jasager" gehören. Da sein gesamter Verantwortungsbereich auf Machtpoker und nicht auf Kompetenz und Teamfähigkeit aufgebaut ist, kommt es zum Chaos, sobald er selbst einen taktischen Jobwechsel vollführt.

Schuld und Scheitern

Das Tröstliche und auch Überzeugende am Sinn-orientierten Menschenbild Frankls ist die Gewissheit, dass das Leben unter allen Umständen einen Sinn hat. Damit ist es immer auch möglich, aus dem Scheitern oder aus einer Schuld heraus Sinn zu verwirklichen. Selbst ein sinnwidriges Verhalten, das eine persönliche Schuld nach sich zieht, ermöglicht immer noch, sinnvoll mit den Konsequenzen umzugehen und Werte zu verwirklichen.

Frankl hat den Schuldbegriff überzeugend präzisiert: existenzielle Schuld hat zwei Voraussetzungen: Sinnerkenntnis und Entscheidungsfreiheit. Nur wenn beides zutrifft, ist persönliche

Schuld möglich. Wenn ich zwar Entscheidungsfreiheit hatte, aber erst im Nachhinein erkennen konnte, dass meine Entscheidung falsch war, bin ich zwar verantwortlich, aber nicht schuld.

> **Beispiel**: Ein Bewerber hat im Aufnahmegespräch bewusst getäuscht, hatte also die erforderlichen Fähigkeiten nicht. Bei einem Akademiker war eine Aufnahmeprüfung in diesem Unternehmen bzw. für diese Position nicht üblich. Diesen Vertrauensvorschuss hat der Kandidat missbraucht, in der Hoffnung irgendwie im Job bestehen zu können. Daher trifft den Abteilungsleiter, der sich für diesen Bewerber entschieden hatte, keine Schuld im engeren Sinne. Er hatte zwar die Freiheit zu entscheiden, konnte aber nicht wissen, dass der Bewerber nicht geeignet war. Bei allen Unannehmlichkeiten, die eine Beendigung dieses Dienstverhältnisses samt Neubesetzung nach sich zieht, ist der betroffenen Führungskraft kein Vorwurf zu machen. Trotzdem kann der betroffene Abteilungsleiter auch aus dieser Situation einen Lerneffekt erzielen und bei künftigen Interviews wachsamer und prüfender agieren.

Umgekehrt, wenn ich zwar weiß, was das Richtige und Sinnvolle wäre, aber nicht die Entscheidungskompetenz habe, trifft mich ebenfalls keine Schuld.

Eine Führungskraft kann auch Leadership beweisen, indem sie die Verantwortung übernimmt, obwohl sie persönlich keine Schuld trifft. Wenn Mitarbeiter einen folgenschweren Fehler begehen, dann ist vielleicht der Mitarbeiter unmittelbar schuld, aber eine sinn-orientierte Führungskraft wird den Mitarbeiter nicht im Regen stehen lassen, sondern auch Verantwortung für den Fehler des Mitarbeiters übernehmen. Nicht weil er die Möglichkeit gehabt hätte, den Fehler zu verhindern, sondern weil er sich für die Ergebnisse seiner Abteilung verantwortlich fühlt.

Sinn und Zweck

Was ist der Sinn und Zweck eines Unternehmens, eines Projektes, eines Auftrages? Im Gegensatz zum üblichen Sprachgebrauch setzt Frankl die beiden Begriffe Sinn und Zweck nicht synonym ein, sondern unterscheidet klar zwischen Sinn-Orientierung und Zweck-Orientierung. Kurz gefasst lautet der Unterschied: Der Zweck beschreibt den (vordergründigen) Nutzen, der Sinn beschreibt die Bedeutung. Auch im Englischen wird unterschieden zwischen purpose (Zweck, Nutzen) und meaning (Sinn, Bedeutung).

> **Beispiel**: Am besten und anschaulichsten lässt sich der Unterschied zwischen Sinn- und Zweck-Orientierung am Märchen von Frau Holle verdeutlichen. Ein Mädchen fällt in einen Brunnen und wacht auf einer Wiese auf. Sie wird von einem Apfelbaum

aufgefordert, die Äpfel zu ernten, was sie auch umgehend tut. Etwas weiter auf ihrem Weg kommt sie an einem Backofen vorbei und wird vom Brot gebeten, es doch aus dem Ofen zu nehmen, damit es nicht verbrennt. Auch diese Aufgabe erledigt sie ohne zu zögern. Bei Frau Holle angekommen, tritt sie in deren Dienste und erledigt alle Arbeiten im Haushalt (inklusive Betten ausschütteln, damit die Federn fliegen und es auf der Erde schneit) zur vollsten Zufriedenheit. Als sie nach einiger Zeit Heimweh bekommt, begleitet sie Frau Holle zum Eingangstor, wo sie zur Belohnung für ihre Dienste mit Gold überschüttet wird. Wieder zu Hause trifft die „Goldmarie" auf Stiefmutter und Stiefschwester, die sofort einen Plan schmieden, um auch an so viel Gold zu kommen. Die Stiefschwester springt in den Brunnen, ignoriert dann aber auf der Wiese sowohl den Apfelbaum als auch den Backofen. Bei Frau Holle angekommen, hilft sie ein paar Tage halbherzig im Haushalt, stellt ihre Mitarbeit dann aber rasch ein. Voller Vorfreude auf den erwarteten Goldregen macht sie sich bald auf den Heimweg. Als Lohn für ihre „Dienste" erhält sie jedoch kein Gold, sondern wird mit Pech überschüttet.

Was hat die „Pechmarie" nun falsch gemacht? Hätte sie Frankls Sinn-Lehre gekannt und beachtet, dann hätte sie gewusst: „Erfolg muss er-folgen „. Die „Goldmarie" hat das **Sinn**volle getan, ohne Berechnung und ohne Erwartung. Ihr Erfolg war die Folge ihres

Sinn-orientierten Handelns. Die „Pechmarie" hat sich nicht dafür interessiert, was genau zum Erfolg der Goldmarie geführt hatte. Der **Zweck** ihrer Mission war von Anfang an klar: Gold. Das ist ja das verbreitete Problem am Neid: Es wird nur der Erfolg gesehen und geneidet, nicht aber der Weg dorthin und der damit verbundene Aufwand oder die erforderliche Leistung.

Die Abb. 6 veranschaulicht diesen Zusammenhang. Der Mensch strebt nach Sinn im Leben und der Erfolg (Freude, Lust, Glück) stellt sich meist als Folge der Sinn-Erfüllung ein. So wie sich der Gewinn eines Unternehmens als Folge der Erfüllung einer Kundenerwartung einstellt, sofern das Unternehmen auch wirtschaftlich gut geführt wird. Auch der Bedarf an zusätzlichen Mitarbeitern ist eine Folge des Unternehmenserfolges und nicht Selbstzweck des Unternehmens. Weder Profit noch Arbeitsplätze-Beschaffung noch Wachstum ist der Sinn eines Unternehmens. Es kann sich aber als Folge von Kundenorientierung und gutem Wirtschaften einstellen. Wenn das Unternehmen den Kunden aus den Augen verliert und nur dem Gewinn nachjagt, handelt es ebenso zweckorientiert wie die „Pechmarie" im Märchen von Frau Holle.

Dieses Modell lässt sich aber nicht nur im Hinblick auf die Unternehmensebene betrachten, sondern ist auch auf Führungskräfte anwendbar. Der Sinn von Führung ist es, die Unternehmensziele mit den Fähigkeiten der Mitarbeiter bestmöglich in Einklang zu bringen, Mitarbeitern zu Erfolg und Wachstum verhelfen und Rahmenbedingungen zu gestalten, sodass die Mitarbeiter einen persönlichen Beitrag zum Gesamterfolg leisten können. Idealerweise erkennt eine Führungskraft das bei manchen Mitarbeitern vorhandene Führungspotenzial und unterstützt diese darin, sich ebenso zur Führungskraft weiter zu entwickeln. Wenn eine Führungskraft das gut macht, wird sich der Erfolg meist auch im Gehalt und in der Karriere-Entwicklung niederschlagen. Eine Führungskraft, die nur das eigene Fortkommen und die "Behübschung" des eigenen Lebenslaufs im Fokus hat, handelt ebenso zweckorientiert wie die "Pechmarie".

Um noch einen Schritt weiter zu gehen, wenden wir das Bild auf jeden einzelnen Mitarbeiter an. Wozu arbeite ich? Für das Gehalt? Oder um meine Fähigkeiten und Talente dort einzusetzen, wo sie gebraucht werden, um einen Beitrag zum Gesamterfolg zu leisten? Diese Einstellung ändert nichts daran, dass das Gehalt zum Überleben benötigt wird. Aber die Fokussierung auf das Gehalt, die Prämie, die zusätzlichen Sozialleistungen des Unternehmens wird die Arbeitszufriedenheit nicht gerade erhöhen. Wenn der Blick aber auf den Sinn-vollen Beitrag gelenkt wird (und das kann neben der eigentlichen Arbeit auch die Zusammenarbeit und die Unterstützung der Kollegen sein) entsteht eine Befriedigung und Freude, die durch Geld nicht aufzuwiegen ist. Umgekehrt, wenn das „Wozu" fehlt oder nicht erkannt wird, kann auch ein wenig herausfordernder Job krankmachen.

> **Beispiel**: Ein Unternehmen aus der Automobil-Branche möchte mit den hauseigenen Diesel-Modellen den amerikanischen Markt erobern. Dort sind jedoch die Abgasvorschriften sehr streng und die Einhaltung für die Diesel-Fahrzeuge sehr schwierig. Wäre dieses Unternehmen sinn-orientiert vorgegangen, hätte es alles technisch Machbare eingesetzt um die Abgas-Grenzwerte

SINN- ODER ZWECK-ORIENTIERUNG

Sinn

Zweck-
orientiert

Erfolg

Abbildung 6

einzuhalten. Ist es doch unbestritten sinnvoll, umweltfreundliche und verbrauchsarme Fahrzeuge zu produzieren und zu verkaufen. Der Erfolg wäre dem Unternehmen (als Folge der Sinn-Orientierung) sicher gewesen. Aber einige sogenannte Entscheidungsträger im Konzern beschließen, die Abkürzung zum Erfolg zu nehmen, ohne den eigentlichen Sinn zu erfüllen. Anstatt technische Lösungen für die Einhaltung der Abgasgrenzwerte zu entwickeln, wird die Kreativität dazu genützt, die Autos technisch so auszurüsten, dass sie nur so tun also ob. Anstelle eines umweltfreundlichen Fahrzeugs standen die Verkaufszahlen und der Unternehmens-Gewinn im Fokus. Und wie bei der „Pechmarie" sind die Folgen der Zweck-Orientierung nachhaltig fatal.

Schicksal und Freiraum

Es gibt kein wirksameres „Teambuilding" als gemeinsames Jammern über Zustände (oder Menschen) die nicht zu ändern sind. Das verbindet und schafft ein Gemeinschafts-Gefühl. Leider ändert dieses Jammern nichts an den Umständen und schafft auf Dauer auch keine wesentliche Erleichterung. Daher sollte im Falle von unabänderlichen Rahmenbedingungen der Blick zeitgerecht vom Problem weg und zum verbliebenen Gestaltungsfreiraum hingewendet werden. Mit der Überzeugung, dass immer auch die innere Einstellung geändert werden kann, sollte die reflexartig aufkommende Frage „Warum?" (oder gar „Warum ich?") ver-

worfen und durch die Frage „Wozu fordert mich das heraus?"
ersetzt werden. Dieser Perspektivenwechsel ermöglicht einen
Blick auf die Möglichkeiten und hilft, die erforderliche Zuversicht
und Kraft zu entwickeln, um über sich selbst hinaus zu wachsen
und neue Wege zu beschreiten.

Beispiel: Ein Konzern beschließt trotz einer
Gewinn-Marge von 48% ein Kostensenkungspro-
gramm. Den Aktionären wurden nämlich 51%
Gewinn versprochen und dieses Ziel ist nun einzuhalten. Als Maßnahmen werden unter anderem die
Streichung der Firmen-Weihnachtsfeier, der Abbau
von Urlaubs-Ansprüchen und die Reduktion von
Überstunden beschlossen. Und natürlich Restrik-
tionen bei der Nachbesetzung offener Positionen.
Sie dürfen als Führungskraft diese „erfreuliche
Botschaft" nun an Ihre Mitarbeiter überliefern und
haben dabei mehrere Möglichkeiten: Sie belügen
Ihr Team und bringen diese Vorgaben mit Begeisterung und Schönfärberei. Sie lassen Ihre Mitarbeiter
den eigenen Frust spüren und schimpfen gemeinsam mit ihnen über das Unternehmen. Oder sie
finden gemeinsam mit Ihrem Team (nach ein paar
Minuten Jammern und Frust-Ablassen) eine Antwort auf die Frage: „Wozu fordert uns das heraus?"
Das kann dann nicht nur in stärkeren Zusammen-
halt und Verbesserung von Abläufen münden,
sondern auch zu einer sehr netten, gemütlichen
Abteilungs-Weihnachtsfeier während der Arbeits-

zeit führen, zu der jeder Mitarbeiter etwas mitbringt. Die Gespräche und der Teamzusammenhalt sind sogar tiefer und stärker als in den vergangenen Abendveranstaltungen im Restaurant.

Führungskräfte-Entwicklung

„Gib mir einen Führungsjob, dann zeige ich dir, dass ich eine gute Führungskraft sein kann!" – Woran erkenne ich Führungskompetenz bei einer Person ohne Führungsverantwortung? Was heißt Führungsverantwortung? Habe ich nur Mitarbeiter-Verantwortung wenn ich eine Führungsposition bekleide? Bin ich als Mitarbeiter ohne Mitarbeiter-Verantwortung tatsächlich nicht für andere Mitarbeiter verantwortlich? Mit Blick auf die vielfältigen Wege zum Sinn, hat jeder Mitarbeiter auch Verantwortung für seine Kollegen. Wenn beispielsweise der Chef grundsätzlich nicht lobt, haben Mitarbeiter immer noch die Möglichkeit, sich gegenseitig zu loben und Anerkennung zu schenken.

Führung übernehmen heißt, Verantwortung übernehmen, nicht nur für Aufgaben, sondern auch für Menschen. (vgl. F. Malik). So wie ich nicht erwarten kann, dass mich jemand heiratet, ohne mich und meine Stärken und Schwächen zu kennen, muss ein Mitarbeiter seine Führungsqualitäten und Kompetenzen unter Beweis stellen, bevor er den Führungsjob antritt. Dazu gehört neben dem selbstverständlich erforderlichen Fachwissen, eine persönliche Reife, insbesondere im Umgang mit eigenen und anderer Menschen Fehler. Und eben auch soziale, emotionale und Sinn-Kompetenz. Gerade Eigenschaften wie die Fähigkeit zur Selbst-Distanzierung, Selbst-Transzendenz und realistischer Selbsteinschätzung können als wirksame Entscheidungshilfen dienen, wenn es darum geht, Führungskompetenzen bei Mitarbeitern einzuschätzen.

Beispiel: In einem Unternehmen wird eine Führungsposition frei, eine Teamleitung mit sieben Mitarbeitern. Einer dieser Mitarbeiter bittet den Bereichsleiter um ein Gespräch und dieser rechnet fest damit, dass es um die Nachbesetzung des Teamleiters gehen wird. Seine Einschätzung erweist sich allerdings nur als teilweise richtig. Zu seiner Überraschung eröffnet ihm der Mitarbeiter, dass ihn die offene Position zwar sehr interessieren würde, er sich aber zum jetzigen Zeitpunkt noch nicht für erfahren genug hält. Dennoch möchte er schon jetzt bekunden, dass er in ein bis zwei Jahren gern einen Führungsjob möchte und bittet den Vorgesetzten, ihn auf diesem Wege zu unterstützen. Allein diese realistische Selbsteinschätzung des Mitarbeiters ist bereits ein deutliches Zeichen von Führungskompetenz, ebenso wie die Bereitschaft, sich bei der Weiterentwicklung Hilfe zu holen. Da der Bereichsleiter die Führungskräfte-Entwicklung aber nur wenig ernst nimmt, bewirbt sich der Mitarbeiter woanders um einen Führungsjob und verlässt nach einem Jahr das Unternehmen. Weitere drei Jahre später leitet er einen Produktionsstandort mit 40 Mitarbeitern.

Für eine wirksame Führungskräfte-Entwicklung braucht es daher nicht nur Selbst-Transzendenz, sondern auch die Fähigkeit und Bereitschaft, in anderen mehr Potenzial zu erkennen, als diese selbst für möglich halten. Ganz so wie es auch Goethe betont hat: „Wer den Menschen so nimmt wie er ist, macht ihn schlechter. Wer den Menschen so sieht wie er sein soll, macht ihn zu dem, der er sein kann." Darüber hinaus sollten Führungskräfte auch dazu angeregt werden, ihre Führungs-Themen immer wieder auch mit anderen Kolleginnen und Kollegen auszutauschen. Sinn-orientiert führen heißt auch: voneinander lernen, sich beraten zu lassen und den hohen Anspruch an sich selbst fallen zu lassen, dass man alle Probleme immer allein lösen müsste.

Fazit:

Führungskräfte brauchen Sinn-Kompetenz, weil die Orientierung am Sinn zum Erfolg führt und sich die Mitarbeitenden durch Sinn-erfüllte Aufgaben am wirksamsten selbst motivieren können. Darüber hinaus macht Sinn-Erlebnis belastbarer und schützt vor Burnout. Eine Sinn-orientierte Führungskraft nutzt ihre Freiheit und ihre Macht verantwortungsvoll und selbst-transzendent. Das heißt, auch im Falle des Scheiterns nicht aus der Verantwortung zu flüchten, ganz im Bewusstsein, dass sich selbst aus unabsichtlichen Fehlern und bewusst schuldhaftem Verhalten noch Sinn-Möglichkeiten ergeben können. Immer mit dem Fokus auf die Frage „Wozu fordert mich das heraus?"

Die Unterscheidung von Sinn und Zweck, vorgelebt durch Goldmarie und Pechmarie im Märchen von Frau Holle, zählt zu den Erfolgsfaktoren für ein erfülltes und gelingendes Arbeitsleben. Und zwar nicht nur für Führungskräfte, sondern für alle Mitarbeiter. Genauso wie die Unterscheidung zwischen schicksalhaften, unabänderlichen Rahmenbedingungen und dem verbleibenden persönlichen Freiraum. Erstere können mit einer entsprechenden Einstellung bewältigt werden und erfordern eine gewisse Gelassenheit. Nur dann steht genug Energie für den Freiraum zur Verfügung und für die dann erforderlichen, sinnvollen Handlungen. Besonders in der Mitarbeiter- und Führungskräfte-Entwicklung braucht es ein gewisses Maß an Selbst-Transzendenz, also die sinnorientierte Ausrichtung auf die Aufgabe, ohne zuerst an den eigenen Nutzen zu denken. Oder wie es ein Teilnehmer in einem Führungskräfte-Seminar auf den Punkt brachte: „Führen heißt, andere Menschen erfolgreich machen."

Und wenn ich keine Führungskraft bin? Auch dann lohnt es sich, dieses Sinn-Konzept in der Arbeit anzuwenden, die verschiedenen Hauptstraßen zum Sinn zu nützen und Verantwortung für die Sinn-Erfüllung im Job zu übernehmen. Lassen wir uns doch von den kleinen Kindern inspirieren, die Lust auf Verantwortung haben, weil mehr Verantwortung auch mehr Freiheit bewirkt.

SINN-ERFÜLLT ZUM GELUNGENEN ARBEITSLEBEN

Führungskräfte haben eine immens wichtige Schlüsselfunktion in Organisationen. Die beste Unternehmensphilosophie bzw. -strategie verpufft, wenn sie nicht von den Führungskräften im Unternehmen getragen, vorgelebt und vermittelt wird. Umgekehrt können Führungskräfte auch in einem menschenunwürdigen Umfeld eine Atmosphäre der Wertschätzung und des Respekts aufrechterhalten, die den Mitarbeitern ein „trotzdem weiter arbeiten" erleichtert.

Eine wirksame und tragfähige Orientierung dazu liefert das von Viktor E. Frankl in seiner Logotherapie und Existenzanalyse entwickelte und beschriebene Menschenbild. Dieses ruht auf drei Säulen: die Freiheit des Willens, der Wille zum Sinn und der Sinn des Lebens. Daraus folgt unmittelbar, dass die Führungskraft mit der Entscheidungsfreiheit automatisch auch die Verantwortung für die Folgen der Entscheidung trägt. Die Erkenntnis, dass das Sinnstreben des Menschen die eigentliche Motivationskraft im Leben und somit auch in der Arbeit ist, hat zwei unmittelbare Konsequenzen: Zum einen treten extrinsische Motivatoren wie Gehalt, Statussymbole und Karriereaussichten gegenüber Anerkennung, Wertschätzung und Sinn-Erfüllung in den Hintergrund.

Zum anderen wird dadurch auch die Bedeutung des Sinn-Erlebens in der Arbeit für die Gesundheit und die Belastbarkeit der Mitarbeiterinnen und Mitarbeiter hervorgehoben. Studien zeigen, dass weniger der eigentliche Arbeitsstress zum Burnout führt, sondern das Sinnlosigkeits-Gefühl, der Sinn-Verlust in der Arbeit.

Die Betonung Frankls, dass das Leben unter allen Umständen einen Sinn hat, ermöglicht es Führungskräften und Mitarbeitern, den Sinn ihrer Arbeit auch und besonders unter widrigen Rahmenbedingungen zu suchen und zu finden. Dieses „Trotzdem", das sich wie ein roter Faden durch Frankls Literatur und Leben zog, spielt in der Betrieblichen Gesundheitsförderung und in der persönlichen Sinn-Verwirklichung im Job eine zentrale Rolle.

Die Ausrichtung auf einen Sinn ist gemäß Frankls dreidimensionalen Menschenbilds in der geistigen Dimension des Menschen begründet. Diese (neben der körperlichen und der psychischen) dritte Dimension macht uns erst zum Menschen und erklärt die spezifisch menschlichen Fähigkeiten, wie Selbstreflexion und Selbstdistanzierung, Kreativität, Humor, Liebe und Selbsttranszendenz. Letztere beschreibt die Fähigkeit des Menschen, sich auf eine Sache oder eine Person auszurichten, die außerhalb des eigenen „Egos" liegt. Zu dieser Erkenntnis ist schlussendlich auch A. Maslow gelangt und hat die Bedürfnispyramide mit der Selbstverwirklichung an der Spitze, durch das Bedürfnis nach Transzendenz ergänzt.

Viktor E. Frankl hat nicht nur die Behauptung bzw. Überzeugung geprägt, dass das Leben unter allen Umständen einen Sinn hat, sondern er hat auch gleich mehrere Wege zur Sinnfindung, sogenannte „Hauptstraßen zum Sinn" beschrieben. Eine zentrale

Rolle spielen dabei die Werte, die es zu verwirklichen gilt, um den persönlichen Sinn zu erfüllen. Neben der naheliegenden Möglichkeit, schöpferische Werte durch Aufgaben und Werke zu verwirklichen, beschrieb Frankl auch den Weg der Erlebniswerte. Dazu gehört einerseits die Fähigkeit und die Bereitschaft, die positiven Aspekte nicht als selbstverständlich anzusehen, sondern in Dankbarkeit zu würdigen. Andererseits schließt dieser Weg auch das Erleben und Wertschätzen eines anderen Menschen in seiner Einzigartigkeit und Einmaligkeit ein. Gerade die Bedeutung dieser Sinn-Aufgabe wird unter Führungskräften oftmals dramatisch unterschätzt.

Aber auch eine weitere Hauptstraße zum Sinn, die Einstellungswerte werden gern übersehen. Anstatt an unabänderlichen Rahmenbedingungen zu verzweifeln und im Jammern hängen zu bleiben, oder wie gegen Windmühlen dagegen anzukämpfen, sollte vielmehr die Frage gestellt werden: „Wozu fordert mich das jetzt heraus?" Der Mensch kann in seiner Dreidimensionalität und Kraft seines freien Willens, auch wenn er die äußeren Bedingungen nicht ändern kann, immer noch seine Einstellung, seine innere Haltung ändern. Daraus lassen sich nicht nur neue Perspektiven gewinnen, sondern auch die Kraft und die Motivation, über sich selbst hinaus zu wachsen und gänzlich neue Wege zu gehen.

Mit diesem Menschenbild und mit dieser Sinn- und Werte-Orientierung ist eine Führungskraft in der Lage, beinahe alle Widrigkeiten und Herausforderungen des Berufsalltags sinnvoll und konstruktiv zu bewältigen. Dies wird auch durch die aktuellsten Erkenntnisse der Neurobiologie und ihre Auswirkungen auf das Verständnis von Stress, Motivation und die sozialen Aspekte der

Arbeit bestätigt. „Führen mit Sinn und Werten" sollte daher ein zentraler und fixer Bestandteil der Führungskräfte-Ausbildung bzw. Weiterbildung sein. Dieses Konzept sollte in alle klassischen Führungsthemen eingebettet werden, wie z. B. Leadership, Zielvereinbarungen, Ergebnisorientierung und Organisationsentwicklung.

Das Thema Selbstverantwortung wird dabei konsequent in den Mittelpunkt gestellt und motiviert zu Eigeninitiative und eigenverantwortlichem Handeln. Es geht um einen Perspektivenwechsel und die Wendung der inneren Einstellung vom Opfer der Umstände, Sachzwänge und Rahmenbedingungen zum Regisseur und Gestalter des eigenen Verantwortungsbereiches. Das gilt sowohl für die Führungskräfte als auch für jede einzelne Mitarbeiterin und jeden Mitarbeiter, ungeachtet der Position oder des Aufgabenbereiches.

Nicht die Spaßorientierung steht dabei im Vordergrund und auch nicht die Selbstverwirklichung, sondern die Sinn-Verwirklichung. Die Freude am Job ist nämlich nicht Voraussetzung für die Leistung, sondern die Folge eines als sinnvoll erkannten Beitrags zum Gesamterfolg des Unternehmens. Bonifikationen, Incentives und Statussymbole nehmen dadurch eine untergeordnete Rolle ein, im Vergleich zu persönlicher Anerkennung, sozialer Integration und sinnvoller Aufgabe.

Damit leistet die sinnorientierte Ausrichtung der Unternehmensleitung, der Führungskräfte und der Mitarbeitenden einen wesentlichen Beitrag zur betrieblichen Gesundheitsförderung, durch Vorbeugung psychischer Belastungen am Arbeitsplatz, Burnout-Prävention sowie allgemein durch Krisenprävention und Krisenbewältigung. Die Mitarbeiterbindung und das Engagement werden dadurch ebenso gefördert, wie die Attraktivität als Arbeitgeber für neue Mitarbeiter. Somit „profitieren" nicht nur der einzelne Mitarbeiter bzw. die einzelne Führungskraft von der Sinn- und Werte-Orientierung, sondern das gesamte Unternehmen bzw. die gesamte Organisation.

LITERATUR

Antonovsky A., Salutogenese, dgvt-Verlag, Tübingen, 1997.

Ariely D., Kamenica E., Prelec D., Man's search for meaning: The case of Legos, Journal of Economic Behavior & Organization 67, 2008.

Bauer J., Selbststeuerung - die Wiederentdeckung des freien Willens, Blessing, München, 2015.

Bauer J., Arbeit – warum sie uns glücklich oder krank macht, Heyne, München, 2013.

Berschneider W., Sinnzentrierte Unternehmensführung, Orthaus, Lindau, 2003.

Böckmann W., Sinn-orientierte Leistungsmotivation und Mitarbeiterführung, Enke, Stuttgart, 1980.

Covey St.R., Die 7 Wege zur Effektivität, Gabal, Offenbach, 2005.

Frankl V.E., Ärztliche Seelsorge, Deuticke, Wien, 1982.

Frankl V. E., Das Leiden am sinnlosen Leben – Psychotherapie für heute, Herder, Freiburg, 1995.

Frankl V.E., Trotzdem Ja zum Leben sagen – Ein Psychologe erlebt das Konzentrationslager, Kösel, München 2002 u. dtv, München, 2008.

Frankl V.E., Der Mensch vor der Frage nach dem Sinn – Eine Auswahl aus dem Gesamtwerk, Piper, München, 2008.

Gnesda A., Next World of Working, Molden Verlag, Wien Graz Klagenfurt, 2016

Graf H., Die kollektiven Neurosen im Management, Linde, Wien, 2007.

Herzberg F., Mausner B, Snyderman B.B., The Motivation to Work, Transaction Publ., Piscataway NJ, 1993.

Hüther G., Wer wir sind und wer wir sein könnten - Ein Neurobiologischer Mutmacher, S. Fischer, Frankfurt, 2011.

Leibovici-Mühlberger M., Die Burnout Lüge, edition a, Wien, 2013.

Lukas E., Burnout adé! Engagiert und couragiert leben ohne Stress, Profil, München, 2012.

Lukas E., Sehnsucht nach Sinn – Logotherapeutische Antworten auf existentielle Fragen, Profil, München, 2004.

Malik F., Führen Leisten Leben, Campus, Frankfurt/Main, 2014.

Maslow A. H., Comments on Dr. Frankl´s paper, Journal of Humanistic Psychology, 107, 107-112, 1966.

Maslow, A. H., The farther reaches of human nature. Journal of Transpersonal Psychology, 1 (1), 1-9, 1969.

Maslow A., Motivation und Persönlichkeit, Rowohlt, Reinbeck, 1981.

Pattakos A., Gefangene unserer Gedanken, Linde, Wien, 2011.

Pircher-Friedrich A., Mit Sinn zum nachhaltigen Erfolg, Erich Schmidt, Berlin, 2011.

Schechner J., Zürner H., Krisen bewältigen – Viktor E. Frankls 10 Thesen in der Praxis, Braumüller, Wien, 2013.

Schnell T., Höge T., Kein Arbeitsengagement ohne Sinnerfüllung. Eine Studie zum Zusammenhang von Work Engagement, Sinnerfüllung und Tätigkeitsmerkmalen, Wirtschaftspsychologie, 1/2012

Schnell T., Höge T., Pollet E., Predicting meaning in work: Theory, data, implications, J. Pos. Psych., 2013.

Schnell T., Psychologie des Lebenssinns, Springer, Berlin Heidelberg, 2016.

Seiwert L., Gay F., Das neue 1x1 der Persönlichkeit, Gräfe und Unzer, München, 2004.

Sprenger R.K., Das anständige Unternehmen, Deutsche Verlagsanstalt, München, 2015.

ABBILDUNGS-
VERZEICHNIS

Abbildung 1, Seite 24/25: Der Mensch als „Blackbox". In Anlehnung an das Konzept des Behaviorismus. Quelle: wikipedia.org.

Abbildung 2, Seite 28/29: Der Mensch als entscheidende Instanz, die antwortet und ver-antwort-lich ist. Aus dem Lehrgang für Sinn-zentrierte Beratung (auch: Logopädagogik) des Viktor Frankl Zentrums Wien.

Abbildung 3, Seite 36/37: Bedürfnispyramide nach Abraham Maslow. Quellen: wikipedia.org, sowie Maslow, A. H., The farther reaches of human nature. Journal of Transpersonal Psychology, 1 (1), 1-9, 1969.

Abbildung 4, Seite 48/49: Wussten Sie, dass Frankl dem Menschen 3 Dimensionen zugesteht? Quelle: Frankl V.E., Ärztliche Seelsorge, Deuticke, Wien, 1982.

Abbildung 5, Seite 68/69: Das Fadenkreuz nach Viktor Frankl. Quelle: Frankl V. E., Das Leiden am sinnlosen Leben – Psychotherapie für heute, Herder, Freiburg, 1995.

Abbildung 6, Seite 90/91: Sinn- oder Zweckorientierung. In Anlehnung an Frankl V. E., Das Leiden am sinnlosen Leben – Psychotherapie für heute, Herder, Freiburg, 1995, und Schechner J., Zürner H., Krisen bewältigen – Viktor E. Frankls 10 Thesen in der Praxis, Braumüller, Wien, 2013.

HARALD PICHLER